中等职业教育国家规划教材
全国中等职业教育教材审定委员会审定

地质矿产调查

(国土资源调查专业)

主　　编　蔡汝青
责任主审　毕孔彰
审　　稿　田明中　崔　彬

中国建筑工业出版社

图书在版编目（CIP）数据

地质矿产调查/主编蔡汝青. —北京：中国建筑工业出版社，2002

中等职业教育国家规划教材. 国土资源调查专业
ISBN 978-7-112-05434-3

Ⅰ.地… Ⅱ.蔡… Ⅲ.矿产-地质调查-专业学校-教材
Ⅳ.P62

中国版本图书馆 CIP 数据核字（2002）第 099562 号

本书根据教育部职教司组织制定的中等职业学校三年制国土资源调查专业《地质矿产调查》课程教学大纲的基本要求而编写的，是教育部面向21世纪中等职业教育国家规划教材。

本书较系统地介绍了地质矿产调查工作中必要的理论知识和方法。

全书共分九章，主要内容包括：地质调查、矿产勘查、矿产预测、找矿方法、矿床勘探、取样、地质编录、储量计算、地质设计与地质报告编写。

本书主要适用于全日制中等职业学校国土资源调查专业，也可作为中等职业学校地矿类相关的专业选用教材和野外地质技术人员的参考用书。

中等职业教育国家规划教材
全国中等职业教育教材审定委员会审定
地质矿产调查
（国土资源调查专业）

主　编　蔡汝青
责任主审　毕孔彰
审　稿　田明中　崔　彬

*

中国建筑工业出版社出版、发行（北京西郊百万庄）
各地新华书店、建筑书店经销
北京市书林印刷有限公司印刷

*

开本：787×1092 毫米　1/16　印张：10¾　插页：4　字数：257 千字
2003 年 2 月第一版　　2012 年 11 月第四次印刷
定价：**19.00** 元
ISBN 978-7-112-05434-3
（17255）

版权所有　翻印必究
如有印装质量问题，可寄本社退换
（邮政编码 100037）

中等职业教育国家规划教材出版说明

为了贯彻《中共中央国务院关于深化教育改革全面推进素质教育的决定》精神，落实《面向21世纪教育振兴行动计划》中提出的职业教育课程改革和教材建设规划，根据教育部关于《中等职业教育国家规划教材申报、立项及管理意见》（教职成〔2001〕1号）的精神，我们组织力量对实现中等职业教育培养目标和保证基本教学规格起保障作用的德育课程、文化基础课程、专业技术基础课程和80个重点建设专业主干课程的教材进行了规划和编写，从2001年秋季开学起，国家规划教材将陆续提供给各类中等职业学校选用。

国家规划教材是根据教育部最新颁布的德育课程、文化基础课程、专业技术基础课程和80个重点建设专业主干课程的教学大纲（课程教学基本要求）编写，并经全国中等职业教育教材审定委员会审定。新教材全面贯彻素质教育思想，从社会发展对高素质劳动者和中初级专门人才需要的实际出发，注重对学生的创新精神和实践能力的培养。新教材在理论体系、组织结构和阐述方法等方面均作了一些新的尝试。新教材实行一纲多本，努力为教材选用提供比较和选择，满足不同学制、不同专业和不同办学条件的教学需要。

希望各地、各部门积极推广和选用国家规划教材，并在使用过程中，注意总结经验，及时提出修改意见和建议，使之不断完善和提高。

教育部职业教育与成人教育司
2002年10月

前　言

　　本书系教育部职教司组织制定的中等职业教育国家规划教材，《地质矿产调查》以教学大纲基本要求和近年来中职课程教改经验总结的基础上编写的。教材内容主要阐明地质矿产调查的基本理论、基本知识和基本技能，并加强了理论与实践的联系，注意了教材内容的推陈更新，适当反映地质矿产调查的新理论、新技术、新方法，力求教材内容通俗易懂，更加适应中等职业学校三年制国土资源调查专业的教学和培养目标的要求。书中标有"*"者为选学内容。

　　本书的编写分工为：湖北国土资源工程学校杨祖龙（第七、八章）；江西应用技术职业学院鲍洪均（第一、四章）；徐明、陈洪冶（第五、六、九章）；蔡汝青、徐有华（第二、三章及附录部分）。全书由蔡汝青主编，由国土资源部咨询研究中心毕孔彰教授、中国地质大学田明中教授和崔彬教授主审。

　　在编写过程中借鉴了《找矿勘探地质学》和《区域地质填图方法》等教材及有关专著的内容，同时也得到了不少科研、生产单位和兄弟院校为本书提供的资料与意见，在此表示衷心的感谢。由于编者水平有限，成书时间又比较仓促，书中难免有错误和不足之处，热切希望广大读者批评指正。

目　　录

第一章　地质调查 ··· 1
第一节　地质调查概述 ··· 1
第二节　地质调查的工作程序及方法 ··· 2

第二章　矿产勘查概述 ·· 6
第一节　矿产勘查的概念 ··· 6
第二节　矿产勘查工作程序 ·· 8

第三章　矿产预测 ··· 11
第一节　找矿地质条件 ··· 11
第二节　找矿标志 ··· 22
第三节　成矿预测 ··· 27

第四章　找矿方法 ··· 31
第一节　找矿方法概述 ··· 31
第二节　重砂测量法 ·· 32
第三节　工程揭露法 ·· 39
*第四节　地球化学探矿法 ·· 42
*第五节　地球物理探矿法 ·· 46
第六节　找矿方法的综合应用 ·· 52

第五章　矿床勘探 ··· 54
第一节　概述 ··· 54
第二节　储量分级、勘探程度与勘探深度 ··· 56
第三节　矿床勘探类型 ··· 60
第四节　探矿工程的布置 ·· 63

第六章　取样 ·· 70
第一节　取样概述 ··· 70
第二节　采样方法 ··· 71
第三节　化学取样 ··· 75
第四节　技术取样 ··· 78
第五节　加工技术取样 ··· 79
第六节　岩矿取样 ··· 79

第七章　地质编录 ··· 81
第一节　地质编录概述 ··· 81
第二节　探矿工程地质编录 ·· 82
第三节　取样编录 ··· 92

第四节　综合地质图件编制 … 94
第八章　矿产储量计算　102
　　第一节　储量计算概述 … 102
　　第二节　矿体圈定 … 103
　　第三节　储量计算参数的确定 … 108
　　第四节　储量计算方法 … 113
第九章　地质设计与地质报告编写　118
　　第一节　地质设计的编写 … 118
　　第二节　地质报告的编写 … 119
附录　实训教材　122
　　实训一　找矿地质条件分析与找矿远景区圈定 … 122
　　实训二　某地区找矿方法的选择 … 127
　　实训三　重砂成果图的编制及其异常的解释 … 127
　　实训四　化探成果图编制及异常解释* … 133
　　实训五　探矿工程的选择与总体布置 … 133
　　实训六　采样方法和采样位置的选择 … 136
　　实训七　钻孔地质编录 … 141
　　实训八　钻孔柱状图与钻孔地质剖面图的编制 … 141
　　实训九　勘探线剖面图的编制 … 146
　　实训十　垂直断面法计算矿体储量 … 155
主要参考文献　163

　　附图 1-1　江苏省宁镇地区矿产图（附找矿远景区） … 插页
　　附图 3-1　江西省金台地区重砂采样点分布图（附重砂成果图） … 插页
　　附图 5-1　江苏省句县铜山铜钼矿点地形地质草图（附探矿工程设计） … 插页
　　附图 9-1　江西省瑞江县昌山铜矿床地形地质图 … 插页
　　附图 10-1　江西昌山铜矿床 0 线储量计算剖面图 … 插页
　　附图 10-2　江西昌山铜矿床 20 线储量计算剖面图 … 插页
　　附图 10-3　江西昌山铜矿床 60 线储量计算剖面图 … 插页
　　附图 10-4　江西昌山铜矿床 80 线储量计算剖面图 … 插页

第一章 地 质 调 查

第一节 地质调查概述

一、地质调查的概念与目的任务

地质调查是指对某地区的岩石、地层、构造、矿产、水文地质、地貌等地质情况进行的调查研究工作。根据地质调查工作任务的不同，主要分为两大类，即区域地质调查（简称区调）和矿产勘查（第二章）。

区域地质调查工作是一项具有战略意义的基础地质工作。其主要任务是通过地质填图、找矿和综合研究，阐明区域内的岩石、地层、构造、地貌、水文地质等基本地质特征及其相互关系。研究矿产的形成条件和分布规律，为经济建设、国防建设、科学研究和进一步的地质找矿工作提供基础地质资料。

二、地质调查的种类

区域地质调查工作的分类，是按地质填图比例尺来划分的，即根据地质调查工作的详细程度的要求，分为：

1. 小比例尺区域地质调查（1:1000000，1:500000）
2. 中比例尺区域地质调查（1:250000，1:200000，1:100000）
3. 大比例尺区域地质调查（1:50000，1:25000）

上述三种分类中常用的比例尺是 1:1000000，1:200000 和 1:50000。区域地质调查工作的范围，一般是按国际分幅（经纬度），或按工作任务要求划分。大、中比例尺或区域地质调查工作的开展，首先要选择好调查的地区，选择的地区一般应符合下列原则：

1. 国民经济建设或国防建设需要的地区；
2. 成矿地质条件有利，并已具备前期地质工作相适应的研究程度；
3. 自然经济地理条件较好，或已有中、近期国家建设的发展计划，能取得较好经济效益的地区；
4. 确定调查范围时应尽量照顾国际分幅，保持图框的完整性并考虑与邻区图幅的连接。

关于小比例尺的区域地质调查工作，已在全国范围内有计划、有步骤地全面进行，一般在地质经济条件较好的地区首先开展。地质调查工作比例尺的确定，一般应按照由小比例尺→中比例尺→大比例尺的顺序进行，以使得地质研究程度的逐步深入，符合人们对地质环境由浅入深的认识规律。根据多年来地质工作的经验总结，这种逐步深入的工作方法，能取得较好的地质效果和经济效益。在特殊情况下，也可在实际的地质调查区内直接进行中比例尺或大比例尺的地质调查。

三、地质调查的发展概况

从 19 世纪 80 年代起到 1949 年，只有少数中外地质学者在一些著名的山系，如秦岭、南岭、祁连山、天山以及云贵高原、青藏高原等，做过零星的路线地质调查工作；在北京西山、江苏宁镇、湖南、江西、四川等部分交通较方便的地区填制过大、中比例尺区域地质图。然而就全国，特别是边远地区，地质调查的研究程度很低，更没有进行过综合性的区域地质调查工作。

1949年后，我国区域地质调查工作大体经历了五个发展阶段：

1. 1949年至1957年，以1:1000000区域地质编图和编测地质图为主，并在部分省、自治区进行了1:200000区调的试点。通过这一时期的工作，基本上掌握了1:200000综合性区调工作方法，为在全国范围内开展1:200000区调奠定了基础。

2. 1958年至1966年，基本完成了我国东部地区的1:1000000区域地质编图和编测工作，广泛开展了1:200000区调，并在个别省、自治区开始了1:50000区调试点。

3. 1966年至1980年，除西藏外，全国已基本完成（台湾省未统计在内）1:1000000区调工作。1:200000区调工作在大多数省、自治区已陆续完成。并开始对部分1:200000区调图幅进行修测再版。在已完成1:200000区调的省、自治区开展1:200000区调成果资料总结。在成矿远景区带开展1:50000区域地质矿产调查试点。

4. 1981年至1986年，区调工作逐渐转移到以1:50000区调为重点，继续进行边远高寒地区的1:200000区调；部分省、自治区开始编写《区域地质志》和《区域矿产总结》。

5. 1986年以后，是1:50000区调工作快速发展时期。特别是1986年，原地质矿产部设立了《1:50000区调中地质填图方法研究》项目，开展我国沉积岩、花岗岩、变质岩发育区的1:50000区调填图的方法研究。项目研究的核心是把当代地质科学领域中的新理论、新观点、新技术和新方法运用到区调工作中，总结和创立一套适合我国地质特色的沉积岩区、花岗岩区和变质岩区地质填图方法。1991年项目研究的主要成果《沉积岩区1:50000区域地质填图方法指南》、《花岗岩类区1:50000区域地质填图方法指南》和《变质岩区1:50000区域地质填图方法指南》的出版发行，标志着我国区调填图方法的研究达到了一个新水平，也标志着我国的区调工作进入了一个新的发展阶段。目前，我国所进行的主要是1:50000和1:250000区调工作，工作重点在西部地区及东部的经济发达地区，标志着我国的区域地质调查正在与国际接轨。

第二节 地质调查的工作程序及方法

一、地质调查的工作程序

地质调查工作，虽然整体上是连续的，但大致仍可划分为以下四个阶段：

1. 收集资料和设计编写阶段

这一阶段的工作内容主要包括：收集和综合工作区前人已有的地质、矿产、物探、化探、遥感资料，进行地质踏勘和航片、卫片的地质解译，编写工作设计。

野外地质踏勘应在系统收集和综合研究前人资料以及初步解释航片、卫片后进行，踏勘路线应尽可能垂直穿越工作区构造线方向，各类重要接触关系、矿化或矿产地均应布置踏勘路线。

通过本阶段工作，应力图达到了解工作区地质矿产基本特征、工作程度及前人已有资料和分析测试数据；统一岩石分类、命名方案和图例图式；选择各类剖面测制位置；编制地质、矿产草图；提出工作区地质、矿产调查中应解决的主要问题以及解决这些问题的途径、措施、方法和手段；设计所需的实物工作量、人员及仪器配置、经费及材料，完成全部工作的时间以及最终必须提交的地质成果等。

设计编写要求简明、扼要、重点突出、简详合适。

2．野外地质矿产调查阶段

此阶段工作的主要内容包括：各类地质剖面的测制和研究；系统的路线地质填图及矿产调查；为配合地质填图而开展的物探测量、化探测量；各类样品的采集等。

本阶段的工作基本完成后，应及时综合研究编绘出工作区野外地质图（矿产图）和地质实际材料图、各类地质剖面图，作为野外地质矿产调查阶段的主要成果和后阶段加深研究工作的依据。对采集回来的各类标本、样品，应及时编录、登记、加工或处理，送样并分析鉴定，以便能及时取得分析测试数据。

3．资料的中间性整理及野外加深研究阶段

此阶段包含着野外和室内两方面工作，且一般应先从资料的中间性综合整理工作入手。在中间性的综合整理中，既要对各地质剖面和系统填图中已获野外资料进行较全面的综合整理研究，还应该对已收到的样品分析测试数据作初步计算、作图、统计、研究。通过这一阶段综合研究，肯定成果，并找出存在的问题，以制定野外加深研究计划，尔后进行野外加深研究工作。

4．综合整理和报告编写阶段

地质调查的最终资料整理应在野外工作全部完成，各种原始资料已经过初步整理，并经主管部门组织野外验收通过，或已按验收意见做过野外补充工作后进行。此阶段应对所获资料进行系统整理和综合研究，编制各种成果图件，通过对工作区地质构造特征和成矿规律的总结，最后编写出地质调查报告。

二、沉积岩区地质调查方法

沉积岩分布地区进行地质调查的基本方法和要求，一般可归纳如下：

1．地层剖面研究　实测地层剖面的目的是划分地层，了解其岩性、岩相、厚度、可能含有的化石情况和地球化学主要特征（含矿性），建立工作区地层层序、查明接触关系、确定地层时代和填图单位。剖面应尽量选择在地层出露完整，化石丰富，接触关系和标志层清晰，构造较简单的地段测制。各时代地层单位至少要有一至二条代表性实测剖面控制，其比例尺应根据地质调查精度确定。如1:50000区域地质调查，实测剖面比例尺一般不小于1:5000。

2．地质填图的基本内容　沉积岩地区填图主要观察研究地层层序、厚度、接触关系、岩性、物质成分、沉积特征（沉积相标志、沉积旋回、韵律等），可能含有的化石及产出状况、标志层，含矿层及其变化等，并确定或阐明地层时代，以及沉积作用与成矿作用的关系等。对大面积的第四纪堆积物，除一般的沉积层和沉积学方面的观察研究内容外，还要注意了解可能赋存的矿产、古风化壳、古土壤及文化层等。

三、花岗岩类区地质调查方法

我国花岗岩类岩石分布十分广泛，其出露面积达 $850550 km^2$，约占岩浆岩出露总面积的 86.5%，下面主要介绍花岗岩类分布区地质调查方法。

1．花岗岩类岩体剖面的测制　岩体剖面的测制是在花岗岩类发育区最基本的工作方法之一。剖面应选择在出露较好、露头基本连续、垂直岩体内部构造线、接触关系清楚且构造简单的地段。花岗岩类岩体剖面研究的目的可以解决花岗岩类岩体不同组合类型、岩体之间和内部的接触关系，划分出单元和归并超单元；可以了解每一岩石单元内部的岩性变化情况及超单元内部的同源演化序列的变化情况；建立侵入的相对序次；查明岩体与围岩的接触关系以及岩体形成时代、岩体的变形构造及就位机制等。通过对剖面的详细采样，还可以获得单元、超单元的岩石学、岩石化学、矿物学、地球化学、成岩温度、含矿性等方面有价值的资料。更重要的是通过剖面测制，可以提供建立岩石谱系单位的各种地质资料。

2. 花岗岩类区地质调查的基本内容　圈定花岗岩类岩石的分布范围，查明花岗岩类岩体与其他岩石（沉积岩、变质岩、火山岩等）之间的接触关系，确定花岗岩类岩体的形成时代；辨别岩石成分和结构构造特征，正确地划分岩石类型；查明岩体之间的接触关系，特别是岩体内部的接触关系，包括明显的和隐蔽的侵入接触关系；弄清同一类型岩石之间和不同类型岩石之间的空间和时间关系，特别是同源岩浆序列各单位的形成序次和空间展布规律；按岩石谱系单位的原则，建立花岗岩类岩体等级体制，建立单元，归并超单元，有条件时还应进一步归并超单元组合；调查花岗岩类岩体内部各种变形构造，为分析花岗岩类岩体就位机制提供素材；根据花岗岩类岩体中所含矿物组成及其含量、岩石化学成分和地球化学资料等论证同源岩浆演化的基本规律；根据同位素年代学资料，论证岩体的形成时代、序次及其相关性；研究深成岩体内部具体构造岩浆单元与成矿关系，建立成矿模式。

四、变质岩区地质调查方法

1. 填图方法选择　在地壳表面和一定深度内，存在着一类重要的岩石类型，称为变质岩。其主要的岩石种类有千枚岩、片岩、变粒岩、斜长角闪岩、片麻岩、大理岩以及角岩等。在相当多的地区内，它们往往与混合岩、花岗质岩石共生，在另一地区，它们又和一超基性岩，如蛇纹岩等形成特殊的组合。根据变质程度大致可将变质岩分为片麻状花岗杂岩（深变质岩）、成层无序变质岩系夹成层有序变质岩（中变质岩）和成层有序变质岩系夹成层无序变质岩带（浅变质岩）三类。在不同类型的变质岩区进行地质填图，应分别选择相应的方法。即在成层有序变质岩系中采用构造地层法，在成层无序变质岩系中采用构造——岩层法，在片麻状花岗杂岩中采用构造岩石——事件法。

2. 变质岩区填图工作主要包括：穿越路线，控制地质体及重要界线；追索标志层组合（或标志层、特殊岩性等），确定其分布延伸状况；进行关键地区的构造解剖，确定区内构造形式；测制构造地层（岩石）剖面，恢复和建立地层（原岩）系统；针对工作区和区域构造关系，做必要的区域构造调查；采集各类样品，进行室内鉴定分析，特别是对重要的构造定向标本要进行观察研究。关于上述工作大体可按先填制构造岩性图，再进行关键地区构造解剖，后测制构造地层（岩石）剖面的程序进行。通过上述工作，要基本确定区内主要构造形式，以及多期叠加褶皱对地层展布的控制；通过变质地层的分析研究，建立较正确的地层层序，合理划分填图单位；了解区内构造变形与变质作用、岩浆活动、成矿作用的关系，初步建立起区内地质事件演化表。

思 考 题

1-1　地质调查的概念、目的和任务是什么？
1-2　地质调查的一般工作程序及各阶段的工作内容有哪些？
1-3　不同地区地质填图的内容及填图方法有什么区别？

第二章 矿产勘查概述

第一节 矿产勘查的概念

一、矿产勘查的概念、目的、任务

矿产勘查亦称矿产资源勘查或矿产地质勘查。它是在区域地质调查研究的基础上，根据国民经济和社会发展的需要，运用地质科学理论，使用多种勘查技术手段和方法对矿床地质和矿产资源所进行的系统研究工作。矿产勘查是矿产普查、矿产详查与矿产勘探的总称。

矿产勘查的目的是通过地质、矿产资源的调查研究工作，发现、探明矿产资源，保证国民经济建设和社会发展的基本需要。

矿产勘查的基本任务是根据国民经济建设和社会发展的需要，寻找或查明具有经济价值的工业矿床，为国民经济建设提供矿产资源依据，为矿山企业建设提供矿物原料基地和矿产储量。

矿产勘查工作是一种特殊性质的生产劳动，是一种具有科学研究与生产实践双重性质的一项科研—生产性的工作，也是国土资源调查的一项基础工作。矿产勘查工作的意义主要取决于它在国民经济中的地位和作用两个方面。矿产勘查工作是对地质、矿产资源进行调查研究工作，目的在于发现、探明矿产资源，保证国民经济建设和社会发展的基本需要。矿产勘查所服务的方向及涉及的内容极为广泛，它既为基础产业服务又为基础建设服务，既为矿业、农业服务也为高技术产业服务。它是基础产业的基础，是基础设施建设的先导。

我国矿产勘查工作，在党和政府的关怀重视下，有了突飞猛进的发展，为建立我国的矿产体系打下了比较充足的资源基础。到目前为止，我国已发现矿产171种，其中探明储量的矿产资源有156种，在世界已探明的矿产资源中占有重要的作用。矿产勘查的丰硕成果，促进了矿业的发展，也推动了钢铁、有色金属、化工、建材、非金属材料等工业的大发展。这也说明了矿产勘查工作已成为我国现代化建设中一个极为重要的支柱。

矿产资源是经济建设和社会发展的重要物质基础和工业化的基本食粮，也是增强综合国力和进行国际竞争的重要筹码。矿产资源丰富及其利用程度是影响国家经济实力和发展潜力的重要因素，直接关系到国民经济各行各业的发展和人民的生活。对于像我们这样的大国，保证尽可能多的矿产能够自给并有足够的矿产储备更是一件有战略意义的大事。这对保证我国经济社会长期持续、稳定、协调地发展，将起着非常重要的作用。因此，必须切实加强矿产勘查工作，并且要适当地超前于国民经济发展，为建设现代化的社会主义强国提供丰富的矿产资源。

二、矿产勘查阶段划分

矿产勘查是对地质、矿产进行调查研究和获取信息的过程，是查明矿产资源或矿产储量以及矿产开发等基础地质信息的过程。这个过程不可能一次完成，需要分阶段并依次进行。矿产勘查阶段的划分是由勘查对象的性质、特点和勘查生产实践需要决定的，或者说是由矿产勘查的认识规律和经济规律决定的。阶段划分的合理与否，将影响到矿产勘查与矿山设计、矿山建设的效率与效果。它历来为世界各国勘查学者和广大从事矿产勘查与矿业开发及管理的人们所重视。

我国矿产勘查阶段的划分，从1949年10月1日以来直到1986年，全国各地质部门也未完全统一起来，基本上是划分为四个阶段或三个阶段。一直到1988年对矿产勘查阶段做了新的规定，将矿产勘查工作划分为普查、详查、勘探三个阶段。1999年我国颁布了《固体矿产资源/储量分类》国家标准（GB/T 17766—1999），将矿产勘查划分为预查、普查、详查、勘探四个阶段。

1. 预查阶段：依据区域地质和（或）物化探异常研究结果、初步野外观测、极少量工程验证结果、与地质特征相似的已知矿床类比、预测，提出可供普查的矿化潜力较大地区。有足够依据时可估算出预测的资源量，属于潜在矿产资源。

2. 普查阶段：是对可供普查的矿化潜力较大地区、物化探异常区，采用露头检查、地质填图、数量有限的取样工程及物化探方法，大致查明普查区内地质、构造概况；大致掌握矿体（层）的形态、产状、质量特征；大致了解矿床开采技术条件；矿产的加工选冶性能已进行了类比研究。最终应提出是否有进一步详查的价值，或圈定出详查区范围。

3. 详查阶段：是对普查圈出的详查区通过大比例尺地质填图及各种勘查方法和手段，比普查阶段密的系统取样，基本查明地质、构造、主要矿体形态、产状、大小和矿石质量，基本确定矿体的连续性，基本查明矿床开采技术条件，对矿石的加工选冶性能进行类比或实验室流程试验研究，做出是否具有工业价值的评价。必要时，圈出勘探范围，并可供预可行性研究、矿山总体规划和作矿山项目建议书使用。对直接提供开发利用的矿区，其加工选冶性能试验程度，应达到可供矿山建设设计的要求。

4. 勘探阶段：是对已知具有工业价值的矿床或经详查圈出的勘探区，通过加密各种采样工程，其间距足以肯定矿体（层）的连续性，详细查明矿床地质特征，确定矿体的形态、产状、大小、空间位置和矿石质量特征，详细查明矿体开采技术条件，对矿产的加工选冶性能进行实验室流程试验或实验室扩大连续试验，必要时应进行半工业试验，为可行性研究或矿山建设设计提供依据。

三、矿产勘查的发展概况

矿产勘查作为一门学科是随人类社会对矿物原料需要的增长和找矿勘探、矿业开发生产实践经验的积累以及地质科学理论发展而产生和发展的。它的发展大体上可划分为三个阶段：

萌芽阶段：在16世纪中叶到18世纪末由于采矿、冶金等工业逐渐发展，找矿和采矿实践中积累起来的关于找矿的知识日益丰富，使某些学者有可能进行初步的归纳和总结，矿产勘查学就开始了它的萌芽阶段。这时对于矿床露头特点及矿床存在地面标志，追索矿床的标志等方面已有了一些见解，而且也形成了个别的找矿方法，如根据河流砾石找矿等。

"原始"的矿产勘查学形成阶段（1825～1939年）：在这个阶段出现了对个别类型、个别矿种的找矿勘探理论与方法的著作，如《层状及脉状矿床的勘探》（1899）、《金矿的普查与勘探》(1899)、《勘探作业方法教程》(1929)等。1922年第一次在原苏联的高等矿业学校开设了《勘探作业》课程。

"近代"的矿产勘查学形成和发展阶段（1940至今）：1940年原苏联学者B.M.克列依特尔在综合大量的各国矿产勘查实践经验和理论的基础上，编著了《矿床的普查与勘探》一书，从而为矿产勘查学奠定了比较完整的科学体系。之后有大量学者对矿床勘查理论和方法进行系统研究并发表了许多专著，如В.И.斯米尔诺夫的《矿物原料储量计算》(1950)和《找矿勘探地质学原理》(1957)、А.В.卡日丹的《矿床勘探的方法基础》(1974)、《矿床勘探学》(1977)和《矿床的普查与勘探》(1984)。

我国的矿产勘查的发展，在旧中国由于处于半封建、半殖民地的地位，社会生产力和生产技术水平较低下，矿业发展缓慢，矿产勘查仅为矿业生产中的附设部分，仅有人撰写出一些矿种找矿或勘探的著作，尚未形成独立系统的学科。新中国成立后，在中国共产党领导下地矿事业迅速发展，为了满足国民经济建设对矿产资源的需要，在全国范围内开展了大规模的矿产普查、勘探工作，于是矿产勘查学迅速地从原苏联传入，并且很快地在我国得到发展，有力地指导了我国矿产勘查工作的实践。到目前为止，不仅根据我国自己的矿产勘查实践经验，编制了一系列有关矿产勘查规范，而且也发表了许多有重要意义的文章和专著。如北京地质学院及长春地质学院合编的《找矿勘探地质学》(1961)，朱家珍主编的《找矿勘探地质学》(1986)，侯德义主编的《找矿勘探地质学》(1984)，赵鹏大等编著的《矿床统计预测》(1983)，侯德义等编的《矿产勘查学》(1997)等等。

目前，矿产勘查学已成为我国各高、中等地质院校地质矿产等专业的一门主干课程，为培养矿产勘查及矿产地质的中、高级人才起着重要的作用。

随着现代科学技术的飞快发展和人类对矿产资源需求急剧增长，矿产勘查工作面临新的形势，矿产勘查学必将产生重大变革而出现新的发展趋势。这就是加强成矿规律及成矿预测研究；采用综合方法、开展立体找矿；重视矿产勘查的经济效益分析；加强矿床勘探理论的研究；电子信息、遥感探测等新技术新方法应用。

第二节 矿产勘查工作程序

一、矿产勘查的基本原则

矿产勘查基本原则一直是矿产勘查讨论的一项基本内容，不同专家、学者曾提出过不同见解。矿产勘查是一项国家建设的战略任务，关系到国家建设的中长期规划，影响深远，所以要遵循一定原则进行。它们是：

1. **因地制宜原则** 这个原则是矿产勘查的最基本和最重要的原则，这是由矿床复杂多变的地质特点和勘查工作性质决定的。大量勘查实践的经验证明，只有从矿床实际情况出发，实事求是地决定勘查各项工作，才能取得比较符合矿床实际的地质成果和更好的经济效果；如果脱离矿床实际，主观臆想地进行工作，必然使勘查工作遭到损失和挫折。而要想做到按照客观矿床实际情况部署各项工作，必须加强对矿床各方面特点的观察研究工作，同时又要加强与矿山设计建设单位的联系，以便使矿产勘查工作既符合矿床地质实际，又能满足矿山设计建设的需要。

2. **循序渐进原则** 这个原则反映了人们对矿床认识过程的客观规律。认识过程不可能一次完成,而是随着勘查工作的逐步开展而不断深化,故矿产勘查应本着由粗到细、由表及里、由浅入深、由已知到未知的这一循序渐进原则。矿产勘查工作不可任意超越程序阶段的规定。

3. 全面研究原则　这是由矿产勘查的目的决定的,反映在对矿床进行地质、技术和经济全面的研究评价,克服矿产勘查的片面性,实现全面阐述矿床的工业价值。

4. 综合评价原则　自然界的矿床几乎没有单矿物矿石存在,它们都含有或多或少的有益组分,因此涉及矿产的综合利用,它对矿床的价值起到至关重要的影响,使矿床由单一矿产变为综合矿产,使无意义的贫矿变为可供开发利用的工业矿床。

5. 经济合理原则　经济合理原则是矿产勘查的基本原则中非常重要的原则。矿产勘查本身就是一项经济活动,它受经济规律的制约,因此在矿产勘查过程中自始至终都要重视经济合理的原则。在保证矿产勘查程度的前提下,用最合理的方法,最少的人力、物力、财力的消耗,在较短时间内取得最好的地质成果和最大的经济效果。

二、矿产勘查的工作程序

进行任何一个矿产勘查项目的工作,一般应遵循立项论证、设计编审、组织实施、报告编审四个程序。

1. 勘查项目的确立和论证(立项论证)　矿产勘查工作在实际上总是以勘查项目为基本的工作对象的。所谓勘查项目是指:凡根据经济建设和社会发展需要纳入计划的,或接受委托的,在指定地区,以客观地质体或矿体为研究对象,完成特定的勘查任务,独立编制设计,进行地质作业,并提交勘查报告的矿产地或工作地区,即为勘查工作项目,简称勘查项目。矿产勘查项目按工作阶段分:预查、普查、详查、勘探工作项目。矿产勘查项目的立项论证是勘查项目管理过程中首要环节,也是重要的环节,矿产勘查工作的社会经济效益就取决于立项论证。立项论证的中心是解决矿产勘查项目正确确立的问题,要全面收集、分析勘查项目的各种地质矿产资料,进行技术、经济论证,提出立项建议。

2. 勘查设计的编制和审批(设计编审)　矿产勘查项目确定之后就要制定勘查工作的活动方案——勘查设计。各类勘查项目设计编制均大同小异,各有所重。一般要求做到任务明确、部署合理、方法得当、措施有力、技术可行、经济合理。设计编写完毕要上交主管部门审批,只有经过上级批准之后才能具体实施。

3. 勘查工作的组织与实施(组织实施)　勘查工作的组织与实施,必须严格按照设计进行。在实施过程中要协调好各项工作,取全、取准基础资料,加强质量监控和综合研究,发现问题及时处理,必须时可根据实际情况修改设计,涉及重大问题要报原审批单位批准。各类勘查项目工作组织与实施,具体应参照1992年国家颁布矿产勘查的有关规范执行。

4. 勘查报告的编制和审批(报告编审)　矿产勘查报告是矿产勘查工作的总结和最终成果。勘查报告是为勘查区是否进一步进行工作、矿区总体规划或矿山建设设计提供依据。勘查报告编写工作必须在取全、取准第一性资料并符合相应勘查项目规定的工作程度基础上进行;报告要做到客观、真实、全面地反映勘查工作成果;报告内容要讲究针对性、实用性和科学性,重点突出、内容清晰、结论明确。勘查报告编制完成应按有关规定呈报上级主管部门审批和汇交。

思 考 题

2-1 矿产勘查的概念、目的与任务是什么？
2-2 矿产勘查阶段的划分依据是什么？各阶段之间有何联系与区别？
2-3 矿产勘查的基本原则有哪些？怎样正确理解这些原则？
2-4 矿产勘查的工作程序有哪些？各程序的基本工作内容与要求是什么？

第三章 矿产预测

第一节 找矿地质条件

矿产勘查的工作对象是矿床和矿体。找矿是矿产勘查的简称。矿床的形成是地壳历史发展某一阶段中的产物。一个矿床的形成往往是各种地质因素综合作用的结果。那么矿床的形成和分布规律是受到一定地质因素所控制。因此，在矿产勘查工作中，把这些控制矿床形成和分布的各种地质因素称为找矿地质条件。

在矿产勘查中对找矿地质条件的研究，可以掌握成矿规律，从而指导矿产勘查工作。因为不同成因类型的矿床，其找矿地质条件不同；不同的地区也具有不同找矿地质条件，其形成矿床类型及分布也不相同。所以在矿产勘查的实际工作中，认真分析和研究找矿地质条件，进行矿产预测，合理选择、使用矿产勘查方法，正确评价矿产，这是矿产勘查的一项首要工作。

找矿地质条件主要有：岩浆岩、地质构造、地层、岩相、古地理、岩性、变质作用、地球化学、风化、地貌条件等。

一、岩浆岩条件

矿床的物质来源（特别是内生矿床）的重要方面是由岩浆活动所提供的。岩浆岩与内生矿床之间存在较复杂的成因、空间和时间联系。一定类型矿床的形成及分布与一定类型的岩浆活动有关。所以，在勘查区分析各种岩浆活动对矿化的控制作用，来预测和指导岩浆岩区的矿产勘查工作有着重要的意义。

（一）岩浆岩成分特征与成矿关系

由于岩浆岩成分和地球化学特征不同。其成矿专属性也各不相同，它反映出一定类型的矿床专属于一定的类型的岩浆岩（图3-1）。因此，在矿产勘查中，某些岩浆岩体的存在，可以作为预测与其有关的矿床的地质条件。

1. 与基性、超基性岩有关的矿床

基性岩、超基性岩是组成地球的主要岩石之一，它在大陆上常以小侵入体和层状杂岩沿构造带分布。与其有关的金属矿产主要有 Cr、Ni、Co、Pt、Ti、Cu、Fe 等；非金属矿产有金刚石、石棉、滑石、冰洲石等；与碱性超基性岩有关的矿产有 Nb、Ta、Ce 族稀土、磷灰石、金云母等。

在预测、找寻与超基性、基性岩体有关矿床中，研究岩体化学成分和地球化学特征，可以帮助评价岩体的含矿性。如我国多数具有工业价值的铬铁矿矿床及铂矿床，常与 m/f 比值（$m/f = [Mg^{2+} + Ni^{2+}] / [Fe^{2+} + Fe^{3+} + Mn^{2+}]$）大于6.5含镁质较高的纯橄榄岩、斜辉橄榄岩有关；铜镍硫化矿床则多产于 m/f 比值为2~6.5含铁质较高的橄榄岩、辉长岩和紫苏辉长岩中。

2. 与中酸性、酸性岩有关的矿床

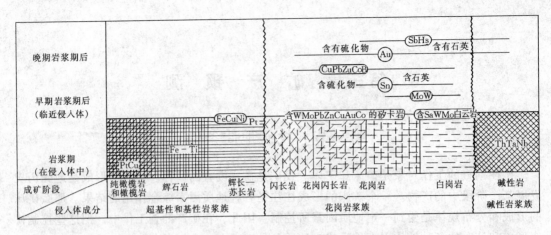

图 3-1　各类岩浆岩与金属矿床的关系（据 В.И. 斯米尔诺夫）

中酸性、酸性岩是组成地壳硅铝层的主要岩石。以花岗岩来说，在我国出露约占全国面积的 9%。与中酸性、酸性岩有关的矿产种类很多，如 W、Sn、Mo、Cu、Pb、Zn、Au、Ag、Fe、U 等矽卡岩矿床或热液矿床。

据已有资料研究说明，不同成因的花岗岩有着不同的演变历史，不同的物质来源，其成矿专属性也不一样。目前一般认为大体可归纳为二类成因花岗岩，它们各自具有相关的矿产。一类为壳源型（S 型）花岗岩，为地壳上部硅铝层重熔再生而形成的中酸性—超酸性交代侵入杂岩体，与其有关的矿产主要是 W、Sn、Bi、Mo、Be、Nb、Ta、放射性铀等，大多数成矿元素以亲氧元素为特征。另一类幔源型花岗岩（I 型），为来自地壳深部或上地幔岩浆源形成的中酸性—弱酸性岩浆岩或潜火山杂岩，与其有关矿产主要是 Cu、Mo、Pb、Zn、Au、Ag 等，成矿元素以亲硫元素为特征。

由于中酸性岩浆岩与成矿关系复杂，因此着重中酸性岩的化学成分的研究，对成矿预测起着重要作用。如我国上个世纪 50 年代一些研究成果证明，随 SiO_2、Al_2O_3 等增加，依次出现的石英闪长岩—花岗闪长岩—斜长花岗岩—黑云母花岗岩—白岗岩，相应的矿产是 Fe—Cu—Mo—W—Sn。随后，进而注意到碱度及其与矿化的关系，特别是 K_2O、Na_2O 及其比值的变化，对指示岩体成矿专属性有着重要意义。如富 Na 成铁，富 K 成铜；Be、Nb、Ta 则与强碱性花岗岩有关；富 Sn 的花岗岩 K 远高于 Na，并含有大量的 B。此外，对岩石中挥发分成分和成矿元素的研究，也可以揭示岩体的含矿性。如云南个旧锡矿的花岗岩，锡矿好的岩体，含 F 量一般大于 2000×10^{-6}。又如赣南与钨矿有关的花岗岩体含钨量为 $2.2 \times 10^{-6} \sim 212 \times 10^{-6}$，高出正常平均含量（$1.5 \times 10^{-6}$）的 0.5～140 倍；鄂东与铜矿有关花岗闪长岩体含铜量，普遍高于克拉克值的 10～100 倍。

3. 与碱性岩有关的矿床

岩浆岩富含钾、钠，特别是钠质，反映在岩石化学成分是 $Na_2O + K_2O > Al_2O_3$，即为碱性岩。碱性岩体岩性复杂，出露不广泛，通常产于深断裂带中。与碱性岩有关的矿产有 Nb、Ta、Zr、Hf、U、Th、Al 和稀土等，且多为岩浆矿床。

碱性岩中，已知与稀有金属矿化最密切的为碱性正长岩和霞石正长岩。其矿化作用与岩浆结晶分异作用和晚期交代作用有关。结晶分异作用表现在岩体分带性明显，矿物分离成带，矿化局限一定的岩相带中，稀有金属矿物在岩体中呈浸染状分布。交代作用主要有钠长石化、霓石化和钠闪石化，其次为碳酸盐化和萤石化。钠交代作用与 Nb、Zr 矿化关系密切；碳酸盐化常与 Nb、稀土矿化关系密切。因此，霓石、钠闪石大量出现，可以作为找锆石及铌铁矿的有利标志；碳酸盐、重晶石的大量出现，可以作为寻找氟碳铈矿等铈组稀土矿床的有利标志。

（二）岩浆活动时代与成矿时代关系

我国地质历史上岩浆活动是多期次、多旋回的。大的岩浆活动与大的地壳运动有关。因此，不同时代的岩浆活动，产生不同类型的矿产（表 3-1）。

我国各期侵入岩及一般内生矿产一览表　　　　表 3-1

侵入期			距今年龄（亿年）	主要分布地区	岩石类型	有关矿产
新生代	喜马拉雅期		0.30	西藏、台湾等地	超基性岩、石英闪长岩及花岗岩	铬矿及金、铜、铅、锌
中生代	燕山期	晚期	1.40	中国东部地区及滇西、西藏、喀喇昆仑山	花岗岩、闪长岩、二长岩、与成矿有关的火山岩	锡、钨、钼、铅、锌、铜、汞、锑、脉金、萤石、明矾石、叶蜡石、重晶石、压电石英、水晶
		早期	1.95	中国东部地区及滇西、西藏	黑云母花岗岩、花岗闪长岩、基性-超基性岩及与成矿有关的火山岩	钨、锡、铋、钼、铁、铜、铅、锌、铍、铬、镍、钛、铂、石棉、叶蜡石、明矾石
		未分		东北北部、内蒙古北部及秦岭	花岗岩、白岗岩、斜长花岗岩、花岗斑岩、基性岩	钼、铜、铅、锌、金、萤石、水晶、钒钛磁铁矿
	印支期		2.30	南岭、海南岛、川西、滇西、秦岭、南祁连山	黑云母花岗岩、石英闪长岩、辉长岩	铁、云母、稀有金属并有铜、铁矿化
晚古生代	华力西期	晚期	2.70	东北北部、内蒙古北部、天山、昆仑山、滇西、川滇边区及台湾	花岗岩、基性超基性岩	铁（伴生稀有元素）、钨、锡、钼、铅、锌、金、云母、铍、水晶、铬、铜、镍、钒钛磁铁矿、石棉
		中期	3.20	大小兴安岭、内蒙古北部、天山及川滇边区	黑云母花岗岩、花岗闪长岩、基性-超基性岩	铁、铜、铅、锌、云母、水晶、压电石英、铬、镍、钴、菱铁矿、钒钛磁铁矿
		早期	3.75	阿尔泰、准噶尔地区、天山、川滇地区、内蒙古北部、祁连山、昆仑山	基性-超基岩性、花岗岩、花岗闪长岩	铬、铜、镍
早古生代	加里东期	晚期	4.40	南岭、内蒙古北部、天山	黑云母花岗岩、花岗闪长岩	与金矿关系密切
		早期	6.20	北祁连山、北山及贺兰山	基性-超基性岩及变质火山岩	铬、铂、铜、镍及铁
震旦纪			约 16	秦岭、华北等地	花岗岩、闪长岩等	
早元古代			20	辽东、华北及华南	花岗岩、花岗闪长岩、花岗斑岩、基性-超基性岩	铜、铅、锌、金、铬、镍、铁、滑石、石棉、菱铁矿
太古代				东北及华北地区	花岗岩类、基性-超基性岩	云母、稀有元素、金、铜、镍、铬及铁、硼

这在环太平洋成矿带以及我国岩浆岩时代研究中均已得到证实。我国华南主要是燕山

期花岗岩，与其有关的有铜、铁、钨、锡、铍、铌、钽、铅、锌、锑等有色和稀有金属矿产。在南美环太平洋东岸则主要是新生代的岩浆岩，与其有关的则是驰名世界的铜矿等金属矿产。

此外，岩浆活动往往是长期演化多阶段作用的结果。同期不同阶段其富集成矿元素往往也不相同。如我国华南燕山期，早阶段为 W、Sn、Be、Mo、Ta 等成矿；到晚阶段，W 变少，而 Sn、Be、Nb、Ta、U、Cu、Pb、Zn 等则更重要。

（三）岩浆岩的空间分布与成矿关系

岩体的规模及形态、形成深度和剥蚀程度的分析对指示有利矿化部位、矿床保存程度等都极为重要。

1. 岩体的规模及形态 对基性、超基性和碱性岩体来说，通常岩体规模越大矿床可能越大；其形态以分异完善交代作用强烈的岩盆、岩床或似层状岩体对成矿有利。如我国西北、西南等地的铜镍硫化矿床就反映该特征。中酸性侵入岩体的规模往往是中小型的与成矿关系密切。其形态凹凸不平极不规则，在凸起处和凹入处，岩体"超覆"于围岩之上，岩体下盘、岩株边缘以及大侵入岩周围小岩枝、岩脉分支处等最有利于成矿。如我国华南大中型钨矿床主要与中小型岩体有关。

2. 岩体形成深度 岩体形成深度不同，其物理、化学环境也不一样，这对岩浆分异，矿质的析出、聚集却起着重要作用。例如：中酸性、酸性的侵入岩体不同的冷凝深度，就有不同的矿化情况。深成相以伟晶岩矿床为主，浅成相则以矽卡岩型矿床及热液矿床形成为主。

3. 岩体剥蚀深度 为数众多的热液矿床和矽卡岩型矿床，产于中酸性侵入岩体的顶部及其附近的围岩中，所以岩体剥蚀程度在一定意义上意味着与其有关矿床出露和保存程度。当剥蚀程度浅，未及岩体顶部时，可达到低级变质作用产物和一些岩脉分布，是找 Pb、Zn、Hg、Sb 等低温矿床有希望地区。当剥蚀程度中等，达到岩体顶部，岩体呈岛状分布时，各种变质作用较强烈，是找寻各种热液矿床和矽卡岩型矿床的有利地区，中酸性岩体大面积出露，剥蚀深度很深时，对找矿一般不利。

（四）矿床与岩体的空间关系

矿床在岩体内外空间分布规律，为历来地矿工作者所重视。有三种情况：

1. 产于岩浆岩体内部的矿床（图 3-2）

这主要是分布于超基性、基性、碱性岩体中的矿床，也有一些铜、钨、锡矿床分布于中酸性岩体中。例如我国许多镍矿产于基性、超基性岩体内部，华南的钨工业矿往往富集于花岗岩的顶部。此类矿床的矿化富集程度往往与岩体的大小、分异程度及交代

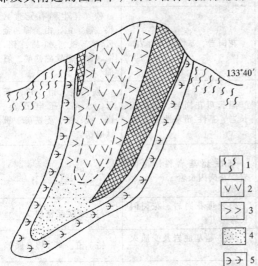

图 3-2 产于岩体内部的矿床
（据北京市地矿局 101 队剖面资料简化）
1—片麻岩；2—纯橄岩；3—辉橄岩；4—橄辉岩；
5—辉石岩；6—铬铁矿体

作用发育情况有关。

2. 产于岩体与围岩接触带及其附近矿床（图3-3） 多为在成因上与中酸性岩体有关的矽卡岩型矿床、高温热液矿床。其矿体一般分布在岩体接触带及附近的构造或岩性有利部位。矿种繁多，如 Fe、Cu、Pb、Zn、W、Sn、Li、Be 等黑色金属，有色金属和稀有金属矿床。

3. 远离岩体的矿床 主要有各种类型的中、低温热液矿床。矿产远离岩浆岩体，其距离可达数百米至数十千米，与岩浆活动无直接联系，主要受有利的岩性和构造控制。

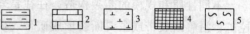

图3-3 产于岩体接触带及其附近的矿床
1—中石炭统；2—中下奥陶统；3—闪长岩；4—铁矿体；5—矽卡岩

（五）火山岩与成矿关系

火山岩为岩浆岩条件的一个特殊条件。在地质历史中，火山活动也形成不少矿床。如火山岩型铁矿仅次于沉积变质和风化壳型而位于第三，其中富矿多达60%。我国火山岩型矿床众多，显示出广泛的找矿远景。与火山有关的矿产有 Fe、Cu、Pb、Zn、Au、Ag、Hg、U、稀土、金刚石、沸石、明矾石、叶蜡石等等。

火山活动中形成的矿床，就火山岩本身来说，它既是成矿的母岩，又是成矿的围岩；同时火山活动所产生的各种构造，对矿床的分布起着一定的控制作用。因此，研究火山岩与成矿关系，主要从火山岩的岩性和火山构造等方面进行综合分析。

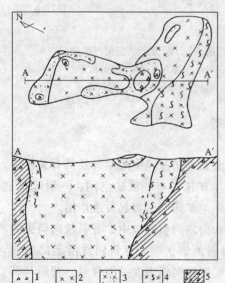

图3-4 火山颈控制的含金刚石金伯利岩岩筒

1—金伯利角砾岩；2—斑状金伯利岩；3—含金伯利岩球的(我国华东)斑状金伯利岩；4—含片麻岩碎屑的斑状金伯利岩；5—太古界片麻岩

1. 火山岩岩性控制 在火山岩地区，火山岩类型及其岩石化学特征，特别是富碱程度和基性程度，对成矿有明显控制作用。如金刚石主要产于爆发岩筒中的超基性的火山岩—金伯利岩中；黄铁矿型矿床产于海底喷发基性到酸性含钠质的细碧—石英角斑岩系中；"玢岩铁矿"产于富钠的中基性火山岩中；斑岩铜矿产于富钾的中酸性次火山岩和火山岩中等等。因此说，火山岩的成矿专属性是十分明显的。

2. 火山构造控制 火山活动及火山岩的分布与地壳构造变动带有关。它们常受到板块之间和板块内的深断裂带，大陆断陷盆地等区域构造所控制。据遥感资料研究表明，古火山和现代火山往往在空间展现环状构造的特征。从局部地质构造上说，火山穹隆、火山口、火山通道（图3-4）以及围绕火山活动中形成的环状、放射状断裂；次火山岩与围岩的接触带；火山岩中的各种断裂等，这些构造部位都有利于矿床的形成。此外，火山活动附近的凹地，常是火山喷发沉积矿床或火山喷溢矿床赋存的场所。

二、地质构造条件

矿床的形成及其分布规律，在不同程度上受到一定的地质构造的控制。在矿产勘查中查明矿化与地质构造的关系，对矿产预测和评价矿床都具有重要的意义。

地质构造按规模可分为全球性的（即大地构造）、区域性的和局部的（即褶皱、断裂和裂隙）构造。一般来说，全球性、区域性的构造控制了成矿带分布，而局部的构造与成矿关系最为密切。

（一）断裂构造与成矿关系

不同性质和规模的断裂构造，往往是岩浆、矿液活动的通道与聚集的场所，既控岩又控矿，沿着断裂带或主要断裂形成矿带、矿田或矿床。如我国秦岭地区多金属矿产以及长江中下游多金属矿产分布等。

在矿产勘查中对断裂构造的研究，应从断裂构造控矿的机制出发，查明成矿有利的构造部位。根据大量已知矿床、矿体构造控制特征，从断裂控矿角度出发，一般认为下列构造部位值得重视。

1. **不同方向断裂交叉处**（图3-5）。主干断裂与次级断裂产生的交叉处。
2. **断裂产状变化处**。在平面上断层走向发生变化扭曲转弯处；在剖面上张性断裂倾角由缓变陡处（图3-6（a）），压扭性断裂倾角由陡变缓处（图3-6（b））。

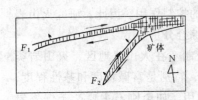

图3-5 广西某金矿二组断层交切形成矿体（据陈国达）

图3-6 断裂产状变化与矿化
（a）正断层在倾角变陡的地方；
（b）逆断层在倾角变缓的地方

3. 断裂构造与有利岩层交汇处或其他构造交切处等。

（二）褶皱构造与成矿关系

各种褶皱构造对矿床都有明显的控制作用，成矿前和成矿过程中的褶皱及其有关伴生和派生构造（断层、节理、劈理等）均可成为内、外生矿床的有利成矿空间。一般来说，褶皱构造对内生矿床的形成起控制和改造作用，而对外生矿床则主要起改造作用。

对内生矿床而言，应注重成矿前的褶皱。在背斜和向斜两类褶皱中，背斜较向斜更为有利，其主要成矿部位是背斜轴部（图3-7）、倾伏背斜的倾伏端、背斜轴线沿走向弯曲转折处、倒转背斜翼部、与背斜伴生的断裂和破碎带、开阔向斜中次一级背斜、背斜与其他有利构造交汇复合处。如鄂东的Fe—Cu矿床，云南个旧锡矿床等。

向斜构造由于构造变形时所处位置较深，围压较大，伴生构造不及背斜发育，不易形成圈闭构造，故对内生矿床控制作用相对较差，而对外生矿床控制则很多，如世界上大型风化壳富铁矿多产于向斜构造中心部分以及地下水资源赋存于向斜中。

（三）裂隙构造与成矿关系

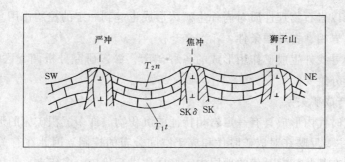

图 3-7 驼峰式背斜枢纽与矿化示意剖面
（据 321 地质队）

T_1t—三叠系下统塔山组条带状灰岩；T_2n—三叠系
中统南陵湖组薄层状灰岩；δ—闪长岩；SK—矽卡岩

各种节理、劈理等裂隙构造常是断裂和褶皱的派生产物，它们之间存在共生组合的力学联系。节理与劈理分布很广，是重要的一类容矿构造。如我国赣南不少钨矿受节理裂隙控制（图 3-8）。节理裂隙对外生矿床有时也起控制作用。如我国东部某第三纪油田，部分油藏即储存于节理等裂隙之中。

三、岩性条件

岩性通常指岩石的化学性质与物理性质。无论是内生矿床或外生矿床的形成，都与围岩的岩性有着一定的联系。对前者是提供适宜成矿的岩层或岩系，对后者则主要是提供成矿物质来源。在矿产勘查中，对岩性条件的研究具有重要的指导意义。

岩石的化学性质是由岩石的类型、成分和结构构造所决定的。就内生矿床来说，岩层能否为气液所交代矿化，除与其所处的地质构造位置、深度等因素有关外，还与其本身的化学性质有关。一般化学性质活泼的岩石易与含矿的气液发生反应而引起矿质的沉淀和聚集。如凝灰岩与熔岩互层，则凝灰岩易于交代；而凝灰岩与灰岩互层时，矿化多集中于灰岩内。此外，还需注意岩石是否有利于矿化，除决定于岩石原始的化学性质外，往往还决定于经过早期蚀变后的岩石化学性质。如灰岩本身易交代，但经过早期硅化作用以后形成硅化灰岩，其交代作用不如原岩，而千枚岩不易交代，但经过碳酸盐化后，则比原岩易于交代。而外生矿床则是岩石的成分起决定作用，其矿质来源是岩石，所以岩石是否含有矿质成分是外生矿床的成矿物质基础。

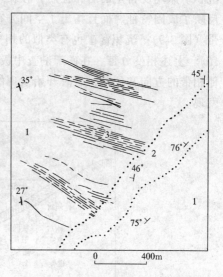

图 3-8 节理控制的江西某钨矿床
（据 205 地质队）

1—变质砂岩、砂质板岩、千枚岩互层；
2—变质砾状砂岩；3—矿脉

岩石的物理性质，如脆性、塑性等对矿化也起一定作用。如页岩与灰岩组合岩层，灰岩表现为脆性特征，易破碎、裂隙度高，利于矿液的流通和交代，是矿液富集的好场所，而页岩表现为塑性，不易破裂，又具不透水性质，阻挡矿液渗漏，使矿液在有利岩层中聚

17

集沉淀成矿。所以岩石物理性质对内外生矿床形成也起到一定的控制作用。

四、地层、岩相、古地理条件

为了预测和寻找外生成矿作用形成的各种矿床，深入研究分析调查区的地层、岩相、古地理条件是十分重要的。

（一）地层与成矿关系

地层是一定时代内形成具有一定岩相特征的沉积物。许多沉积矿床的形成与地层有关（表3-2）。地层主要反映在对成矿时代和成矿空间分布的控制。因此在有关矿床的预测和寻找中，应注意在某些特定时代的地层中，按层位进行找矿。多年来，我国矿产勘查经验总结表明，绝大多数矿床都是受一定地层或一套地层控制的。例如铁、锰、铝、磷、煤、盐类矿床都具有一定的富集时代和地层层位。世界上50%以上的铁矿储量集中在前寒武纪。锰储量也较集中于前寒武纪和二迭纪。最主要的铝土矿集中于石炭二迭纪中。煤主要集中分布于石炭、二迭、三迭、侏罗、第三纪中。所以根据地层预测发现沉积矿产，实际中沿一定地层去找矿，在目前矿产勘查工作是极为重要的。

（二）岩相与成矿关系

岩相是指在一定沉积条件下沉积分异作用结果的产物。从已有资料表明，许多重要的沉积矿床均受特定的岩相控制，存在一定的相变规律，形成特有的沉积矿床分带，这不仅反映了成因特征，而且指出了空间分布规律。如各种沉积铁矿可以具有四个不同的矿物相带（图3-9）；沉积锰矿也有类似的相变特征，А.Г.别捷赫琴将锰矿分为三个相带（图3-10）。上述相变分带，在矿产勘查中极为重要。当首先发现了某一相带时，即应考虑到其他相带的方向和位置，有时开始发现的可能不具有工业意义，但却可导致其后有更重大的发现。

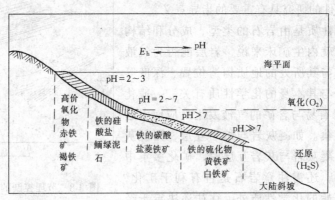

图 3-9 沉积铁矿相变示意图

同一矿种表现为相变的矿床分带，不同矿种间则是成矿序列规律。如上述铁、锰等一组矿化，均形成温湿气候下的陆源浅海区，大致分布是从海岸向浅海，依次为铁—锰—磷的沉积。在矿产勘查中应充分注意这些规律。

（三）古地理与成矿关系

古地理是指某个地质时期的海、陆、水系分布，地势及气候等自然地理情况。它标志着物质沉积时的外在环境。古地理的分析是以岩相研究为基础，从不同的岩组分布和变化来分析当时海陆分布、海水深浅变化、海水进退方向、海水含盐度、古气候变化以及沉积

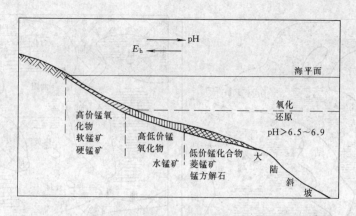

图 3-10 沉积锰矿相变示意图

物的来源等。

古地理对沉积矿产控制主要表现为:

中国沉积矿床成矿时代　　　　　　　　　　　表 3-2

代(界)	纪(系)	世(统)	距今年龄(亿年)	造山运动(未按比例尺)	海水进退	几种主要沉积矿床含矿层位、成矿期、成矿序列						
						铁	锰	磷	铝	铜	煤	盐类
新生代	第四纪	全新世 更新世	0.03	喜马拉雅运动			×			×	●	●
	新第三纪	上新世 中新世	0.23					●		×	●	×
	老第三纪	渐新世 始新世 古新世	0.40 0.60	燕山运动					IV	●	●	●
中生代	白垩纪	晚白垩世 早白垩世	0.20 1.40			×	×			●	●	×
	侏罗纪	晚侏罗世 中侏罗世 早侏罗世		印支运动		×	×	(D)		●	●	×
	三迭纪	晚三迭世 中三迭世 早三迭世	1.95 2.30				×			●	●	×
古生代	晚古生代	二迭纪	晚二迭世 早二迭世	2.70	华力西运动	海	×	●	(C)	●	●	●
		石炭纪	晚石炭世 中石炭世 早石炭世	3.20			●	●	●	●	●	●	×
		泥盆纪	晚泥盆世 中泥盆世 早泥盆世	3.75	加里东运动		●	●	(III)		×		×
	早古生代	志留纪	晚志留世 中志留世 早志留世	4.40		陆	×	×			×		×
		奥陶纪	晚奥陶世 中奥陶世 早奥陶世	5.00			×	×	(II₂)		×		×
		寒武纪	晚寒武世 中寒武世 早寒武世	6.20	(蓟县运动)		×	●			×		×
元古代	震旦纪	晚震旦世 中震旦世 早震旦世	18(约)	吕梁运动		●	(B)×	(II₁)		×		×
	早元古代		20	五台运动		●						
太古代	晚太古代		24	鞍山运动		●	(A)×	(I)				
	早太古代		30以上			●	×					

(据叶连俊1976年资料简化) ●矿床　×矿化

1. 重要沉积矿床多分布在沉积区与剥蚀区的中间地带（古陆边缘、滨海、浅海、泻湖、三角洲等地）。如我国北方震旦纪下部的宣龙式铁矿分布在内蒙古陆南缘（图 3-11（b））；我国南方泥盆系的宁乡式铁矿产于江南古陆的边缘（图 3-11（a））。

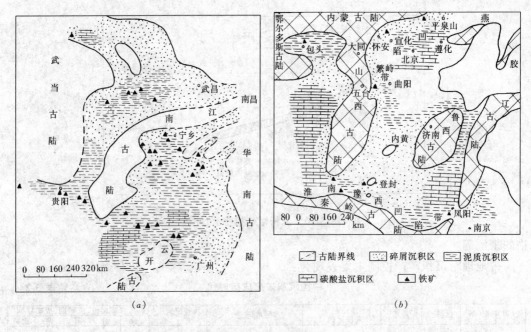

图 3-11 我国北方（宣龙）和华南地区沉积铁矿的分布与古地理的关系
(a) 宁乡式铁矿的分布与泥盆纪古地理图；(b) 宣龙铁矿古地理位置示意图

2. 沉积矿床的形成与气候密切相关。按气候条件主要分温湿和干旱两大类，前者以 Fe、Mn、P、Al、煤等成矿序列为代表，各种膏盐矿为干旱气候的代表。两者中间还有些过渡类型的矿种。

3. 地壳运动也控制外生成矿。因地壳运动引起海、陆变迁，而产生海侵和海退两个不同的序列。海侵阶段形成 Fe、Mn、P 等矿床，多分布于海侵岩系的底部；而海退阶段形成 Cu、盐等矿床；Al、煤为共同过渡产物；稳定阶段则有灰岩、硅藻土等非金属矿床的形成。

五、变质作用条件

在矿产勘查中，对变质作用条件的研究也很重要。因为在变质岩中蕴藏着十分丰富的矿产。它不仅有非金属矿产，而且还有较多的金属矿产，其中特别是 Au、U、Fe、Mn、Cu、Ni、Co、Cr、云母、石棉、石墨、菱镁矿以及 Li、Be、Nb、Ta 等矿床，它们大部分集中于前寒武纪变质岩中。

在变质岩区开展矿产勘查时，研究变质作用条件主要应从以下方面着手：

1. 变质程度研究　区域变质程度深浅不同，其成矿作用和形成的矿床类型往往不同。如浅变质地区形成的矿床以受变质矿床为主，矿种和类型一般较少；深变质地区则包括受变质矿床、变成矿床以及混合岩化所形成的矿床，矿种和类型较多。研究区域岩石变质程度深浅，通常以岩石中所含 (OH) 矿物多少，岩石的结构、构造来作为地质压力计和地质温度计，进而按变质程度将其划分为浅、中、深三个变质带。

2. 原岩与含矿变质建造的研究　对许多变质矿床来说，原岩的物质成分及其地球化学特性（含矿性）是影响矿化类型的主要因素。因此，在着重考虑工作地区具体地质特征的情况下，应查明变质建造的含矿特征，从而深入掌握变质矿床的分布规律。在矿产勘查中，一定的含矿变质建造可以作为预测、寻找某些矿种或矿床类型的找矿条件。我国几种常见的含矿变质建造及其岩石组合类型见表3-3。

我国几种常见的含矿变质建造及其岩石组合类型　　　　　表 3-3

含矿变质建造	变质岩石组合	原 岩 成 分
含铁质建造（鞍山式变质铁矿建造）	1 千枚岩—片岩—磁铁矿石英岩； 2 角闪质岩石—变粒岩—磁铁矿石英岩	安山岩—英安质凝灰岩或黏土质沉积岩、基性火山岩
含硫化物变质建造	1 黑云母斜长片岩、变粒岩、斜长角闪岩、角闪石片岩； 2 变质火山岩、片岩、绢云母英片岩、千枚岩	中酸性凝灰岩、角闪质岩石、玄武岩、安山质凝灰岩、黏土质半黏土质沉积岩、富钠质的火山喷发岩、细碧角斑岩
含磷变质建造 1. 金云母—透辉石型含磷变质建造 2. 白云母片岩—大理岩型含磷变质建造	黑云母片麻岩、辉石斜长片麻岩、紫苏辉石变粒岩、斜长角闪岩等夹大理岩透镜体 白云母片麻岩、大理岩、变粒岩、片岩、磷灰岩	黏土质沉积岩（夹碳酸盐岩石）、基性凝灰岩、凝灰质沉积岩 海侵沉积碳酸盐岩石及含磷岩石
含硼钠长变粒岩建造	电气石变粒岩、钠长变粒岩、斜长角闪岩、大理岩及硅酸盐岩石互层	富钠质角斑岩、细碧玢岩；粗面岩、安山岩等似细碧角斑岩系
富铝含矿变质建造	富铝片麻岩、紫苏辉石麻粒岩，长英质麻粒岩等互层	高岭石黏土、砂质黏土、铝土矿等

六、地貌和风化条件

地貌、风化条件对于砂矿床和风化矿床的形成与分布有直接的控制作用。

砂矿床及其围岩，都是第四纪沉积物的一部分，它们构成的沉积地貌及其成矿过程，与区域地貌条件和风化作用密切相关。因此，在砂矿床寻找、评价中分析研究地貌形态和第四纪沉积物特征极为重要。例如，湖南某地金刚石砂矿床，主要是阶地砂矿、冲沟—细谷砂矿。阶地砂矿存在于砂砾层中。冲沟—细谷砂矿变化大，若阶地上冲沟未切割到砂砾层，则冲沟、细谷中的金刚石砂矿少，相反则冲沟、细谷中金刚石砂矿就很富集。此规律说明研究地貌单元和第四纪沉积物不仅能查明砂矿分布规律和贫富情况，而且可进一步推测砂矿床来源及破坏情况，提供寻找原生矿床的线索。

风化矿床的形成与分布同样与风化作用和地貌条件有关。原岩（矿）在潮湿气候下，风化作用以化学风化为主；在干旱气候下，则以物理风化为主。对于风化矿床来说，强烈的化学风化作用是有用组分富集成矿的必要条件。但是在强烈侵蚀的地区，地表水径流流失量大，地下水排泄也快，不利于形成风化矿床，即使成矿也极易侵蚀。如果地形平坦，存在着盆地式地带、阶梯式平台，地表水不易流失，地下水也较丰富，这就加速化学风化作用的进行，利于风化矿床的形成。此外这样地区浮土较厚，局部长有植被，风化壳剖面保存完整，其含矿远景也就越大。如我国东南各省花岗岩风化壳高岭土矿。所以对气候、地貌、风化条件研究分析对寻找风化矿床是极其重要的。

七、区域地球化学条件

区域地球化学特征，主要指区域中化学元素的分布和分配情况，以及迁移、富集的活动史。它是控制内外生成矿的重要因素，在矿产勘查中越来越被人们所重视。分析区域地球化学条件，一般应注意以下几个方面：

1. 元素的丰度　元素在地壳上分布是不均匀的，首先反映元素区域含量与地壳克拉克值对比上，表现出某一元素或某些元素在某地区或某个地质体中相对富集，构成"地球化学区（省）"，即区域地球化学异常。根据元素丰度资料，联系区域地质构造特征和成矿作用分析，所进行的地球化学分区，对区域成矿分析和类比具有重要意义。一般在成矿区中，主要成矿元素在有关岩石中的丰度都比较高。如我国华南钨、锡、稀有金属成矿区，各时代花岗岩侵入体中W、Sn、Be、Nb、Ta等元素的平均含量，普遍高于地壳酸性岩中该元素的平均含量。

2. 元素分布的区域性　元素分布的区域性，构成"矿化集中区"或"矿带"，这些均与区域地质构造特点、地质发展历史密切相关。如我国华南南岭地区大片花岗岩分布，集中不少W、Sn、Be、Ni、Nb、Ta等矿床；而在湘中南一带酸性侵入体侵入于碳酸盐岩中，形成W、Sn、Pb、Zn等元素富集；到湘西、黔东一带大片碳酸盐岩分布，则是Hg、Sb的富集区。根据地球化学研究资料表明，某些区域岩石中含有一定数量的金属元素，在地质作用下，分散在岩石中的金属元素可以反复迁移富集成矿。如山西式铁矿分布区内的一些矽卡岩型铁矿床，其中铁质主要来源之一，即为山西式铁矿层中的铁。

3. 元素的共生组合　由于某些元素地球化学性质近似，所以在地质作用过程中使某些元素常组成同一矿物，如Nb与Ta形成铌钽铁矿；或者形成共生矿物，如方铅矿、闪锌矿共生，黑钨矿、锡石共生。这些共生组合关系，在矿产勘查中对于确定矿化标志、选择化探指示元素，矿床综合评价等方面都有重要意义。

综上所述，矿床的形成分布均与各种找矿地质条件有关。一般来说对寻找内生矿床侧重于岩浆岩、地质构造、岩性条件；寻找外生矿床侧重于地层、岩相、古地理条件；而寻找变质矿床侧重于变质条件。但是自然界中成矿的因素是复杂的，这就要求我们在矿产勘查时，对各种找矿地质条件进行综合研究、全面分析，以取得最佳的工作效果。

第二节　找矿标志

一、找矿标志的概念及意义

任何矿床的存在，总要以不同的特征显示到地表上来。所以在找矿中，凡是能够直接或间接指示矿产存在或可能存在的现象和线索，称为找矿标志。

研究找矿标志，在矿产预测和找寻中都有其重要意义。找矿标志比矿体分布范围广，易于被人们发现，通过对它的研究，就能使我们有效而迅速地找到矿床，评价区域含矿性，同时为合理选择和运用找矿方法提供地质依据。实践证明，一个矿床的发现往往是从找矿标志认识开始的，如我国赣南含钨石英脉矿床中云英岩化的围岩蚀变，就是寻找该类钨矿的重要找矿标志。随着找矿深度和难度加大，除加强进行地球物化探方法研究外，最根本的还是对各类常见找矿标志的深入研究。其他找矿信息研究能否有成效的关键，仍在于和地质信息的有机结合及查明各种信息与矿床的内在联系。为此在预测、找矿时，应重视找矿标志的识别和研究。

二、找矿标志的种类

找矿标志的种类很多，常见的找矿标志有：

（一）矿体露头

矿体露头俗称矿苗，它是矿体出露于地表的部分。按其氧化程度不同，可分为原生矿体露头和氧化矿体露头。对找矿来说，发现矿体露头并不等于发现具有工业价值的矿床，还必须做一系列的工作来确定新发现矿体露头的实际意义。

1. 原生矿体露头　原生矿体露头是指出露在地表，但未经或微弱的风化作用的矿体露头。其矿石的物质成分和结构构造基本保持原来状态。一般来说，物理化学性质稳定，矿石和脉石较坚硬的矿体在地表易保存其原生露头。如含钨石英脉、含金石英脉、铝土矿等。

2. 氧化矿体露头　氧化矿体露头是指出露于地表，经风化作用，使矿体的矿物成分、结构构造发生不同程度破坏和变化的矿体露头。此类露头多为物理化学性质不稳定的矿体。如各种金属硫化物的矿体，经风化形成色彩鲜艳的氧化露头。从地质找矿角度看，在矿体氧化露头中以铁帽和风化壳两类较为重要，它们不仅是某些矿床的找矿标志，有时其本身也具有工业价值。

（1）铁帽

出露于地表的一些金属硫化物矿体，经风化作用后多数的金属硫化物变为易溶的硫酸盐、碳酸盐等被淋滤、流失，而变化后生成难溶的褐铁矿等却覆盖在矿体氧化带上部，构成多孔状的集合体，这就是铁帽。铁帽实际上是一种特殊类型的氧化矿体露头，是寻找金属硫化物矿床的重要标志。如含铁高及规模大的铁帽可作为铁矿开采利用，但更重要的是指示其深部有原生硫化物矿体。在找矿中，对铁帽的研究主要有以下几个方面：

1）从铁帽的颜色（表3-4）、结构构造（图3-12）、矿物成分（表3-5）和元素组合入手，来推测原生矿体的物质成分。

铁帽的颜色　　　　　　　　　　表3-4

铁帽的颜色	铁帽下的硫化矿物	铁帽的颜色	铁帽下的硫化矿物
砖红色	黄铁矿	赭橙色	方铅矿
深褐色及黄褐色	黄铜矿	淡褐色	闪锌矿
赭橙至栗色	斑铜矿	黄褐至栗色	辉钼矿
深栗色	辉铜矿		

几种硫化矿床氧化带中常见矿物　　　　表3-5

矿种	原生矿物	次生矿物
铜	黄铜矿、黝铜矿、斑铜矿	孔雀石、黄铜矿、自然铜、赤铜矿
铅	方铅矿	白铅矿、铅矾、硫酸铅矿
锌	闪锌矿	菱锌矿、水锌矿
钼	辉钼矿	钼华、钼铅矿
硫	黄铁矿	褐铁矿

南京地矿所李文达等人对长江中下游内生金属矿区研究的结果指出，铁帽的元素组合和含量特征可以作为找寻不同类型硫化矿床的标志。如铁帽中一般含铜在0.2%以上者，多为铜矿床；含铅锌大于1%者，一般为铅锌矿床。原生为铜矿石，铁帽中主要元素组合为Cu、Bi、Mo、Ag、Au，次要Pb、Zn、As；原生为铅锌矿石，铁帽中含Pb、Zn、Mn、

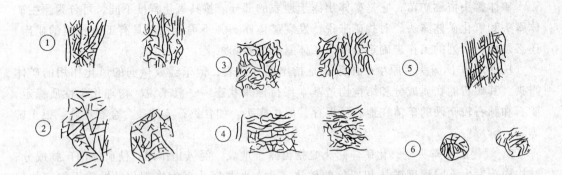

图 3-12 铁帽蜂窝状构造
1—黄铁矿铁帽的粗细胞状结构;2—斑铜矿铁帽的三角状屈曲结构;3—黝铜矿铁帽的等高线状结构;4—方铅矿铁帽的不规则平行板状、菱状结构;5—闪锌矿铁帽的粗细胞状结构;6—辉钼矿铁帽的薄片状结构

Ag、Ba、Sr 组合,As、Cu、Sb 次之;原生为黄铁矿矿石,铁帽中主要为 Co、As、V、Ti 组合,Cu、Pb、Zn 次之。

2) 从铁帽分布特征上来推测原生矿床的类型。如分布于岩体接触带矽卡岩中的铁帽,多为高中温热液铜钼、铜(锌)、黄铁矿和中温热液多金属等矿床的找矿标志;分布于岩枝接触带和岩体外围断裂中的铁帽,是寻找中温热液多金属和中低温热液铅锌矿床的标志;岩体外围硅化破碎带中脉状,团块状褐铁矿及褐铁矿化的蜂巢状、炉渣状次生石英岩,可作为金矿的找矿标志;岩体内部硅化破碎带中脉状,团块状褐铁矿,可作为找铜矿的标志。此外,对含铜铁帽研究,应特别注意其次生富集作用发生情况,寻找铜次生富集带。

3) 正确区分真、假铁帽。对铁帽的观察研究中,要注意区分真假铁帽(表 3-6),一些被迁移后形成的铁帽均无找矿意义。

(2) 风化壳

由于风化作用使原来矿床或岩石中一些有用元素残留堆积成矿,如铁、铝、锰、镍、钴、高岭土以及某些稀土元素等。风化壳既是上述这些矿产的氧化露头,也是它们的直接找矿标志。目前已知较重要的有以下几类:

真假铁帽的区别   表 3-6

铁帽特征	真 铁 帽	假 铁 帽
颜　　色	基本为褐色,但随矿种而异	皆为褐色
结构构造	蜂窝状或海绵状	皮壳状、钟乳状等
矿物成分	矿物成分复杂	矿物成分单一(只是褐铁矿)
元素组合	元素组合复杂	元素组合单一
分布与产状	产出于成矿有利部位,不受地形影响	常产出于地形低洼地段

1) 与超基性、基性岩有关的风化壳　主要与镍矿、铝土矿有关。如云南等地风化残余硅酸镍矿床,闽南玄武岩形成的残余铝土矿床等。

2) 与酸性岩有关的风化壳　主要与高岭土矿床、稀土矿床有关,如江西的残余高岭土矿床和离子吸附型的重稀土矿床。

3）与碳酸盐岩有关的风化壳 主要与铁矿、锰矿有关，如山西式铁矿，云贵一带菱铁矿床上部褐铁矿风化壳和广西、湖南、贵州的风化残余锰矿床等。

在找矿工作中，对风化壳进行研究和评价是：原生带及氧化带的物质成分，以及它们相互间的关系；通过剖面测量及工程的揭露，了解氧化矿物在剖面中的分布情况及风化壳的深度；找出有用矿物在各带富集的规律。

（二）围岩蚀变

在成矿作用过程中，围岩同样遭受到岩浆热液的作用而产生蚀变现象。由于蚀变岩石的分布范围比矿体大，而容易被发现，它间接指示着有矿的存在。对寻找气化—热液矿床及其矿体具有重要意义。不同的围岩蚀变，其标志的矿化作用也各不相同（表3-7）。所以在找矿中应详细研究围岩蚀变种类及与矿关系，初步推断矿体及矿化类型。此外，在分析围岩蚀变中应注意以下几个方面：

围岩蚀变与有关的主要矿产　　　　　　　　　　表3-7

含矿溶液的温度	围岩蚀变类型	围岩条件 沉积岩和变质岩		围岩条件 岩浆岩		矿种 金属	矿种 非金属
		碳酸盐质	硅铝质	超基性基性	中性	酸性	
气化-高温热液	云英岩化		++			+++	钨、锡、钼、铋	
	钠长石化					+++	锂、铍、铌、钽	
	矽卡岩化	+++			++		铁、铜、锌、铅、钼、锡、钨	
	方柱石化	++			++			金云母
	电气石化		++			++	锡	
中低温热液	次生石英岩化				++	+++	铜、钼、金	明矾石、叶蜡石
	黄铁绢英岩化					+++	金、铜、铅、锌	
	硅化	++	++		++	++	金、铜、汞、锑	
	绢云母化		+++		++	++	铜、钼、金、铅、锌、砷	
	绿泥石化		++	++	+++	+	金、铜、铅、锌、锡、铬	
	蛇纹石化	++		+++			铬	石棉
	碳酸盐化		++	+++	++	+	金、铜、铅、锌、铌钽、稀土	
	青盘岩化		+	++	+++		金、银、砷、锑	
	滑石菱镁片岩化			++			镍、钴	重晶石
	重晶石化	++					铅、锌	滑石

注："+++"最主要；"++"主要；"+"次要。

1．联系成矿作用分析，查明不同蚀变的成因及其与矿化关系。岩浆自变质、区域变质、动力变质、热液作用均可产生多种蚀变，但其找矿意义不同，有的蚀变具有找矿意义，有的则无或具次要的意义。因此研究蚀变成因，对找矿十分重要。

2．查明蚀变的时空分布与矿化关系。有的蚀变具有分带性，不同矿化存在于某一特定的蚀变带内。

3．研究蚀变的不同组合、蚀变围岩的成分变化和强度变化及其矿化关系。

4．在深入系统研究的基础上，建立蚀变模式，指导预测找矿。

（三）近矿围岩的特殊颜色

由于热液蚀变或表生作用的结果，往往使矿体周围的岩石呈现出一些特殊颜色，如赭色、绿色、白色等，在找矿中也作为一种标志。例如江西找斑岩铜矿时，就利用"火烧皮"作为找矿标志（"火烧皮"为黄铁矿化岩石，风化后变成褐黑色，如同皮肤被火烧伤后一样）。特别是遥感技术在找矿中应用，这一标志显得尤为重要，它可直观而迅速地发现有价值的围岩颜色变化的地区，从而提供详细找矿的靶区。

（四）指示矿物

在矿床形成过程中，往往伴生有一些典型矿物，这些矿物也可以作为找寻某些矿产的指示。如接触交代作用形成的矽卡岩矿床，其最常见的典型矿物有石榴子石、辉石、绿帘石、阳起石等；金刚石矿床中，以含铬镁铝石榴石和含铬尖晶石为主要标志矿物。

（五）物探与化探异常

矿体与围岩物理性质差异会产生各种地球物理异常（简称物探异常）。矿床形成或风化过程中，成矿元素及伴生元素迁移，改变矿体附近围岩、土壤、水系沉积物、水、大气和生物（指植物）中元素的正常分布，使其含量增高，这种元素增高现象，即为地球化学异常（简称化探异常）。与矿有关的物探异常和化探异常，也是重要的找矿标志，特别是在岩石出露不好的地区或寻找地下隐伏矿体，这一标志就显得更为重要。

（六）旧矿遗迹

我国自古以来采冶事业发达，老硐、废石堆、炼渣等旧矿遗迹遍及各地，它们既是矿产分布的可靠指示，也是很好的找矿标志。由于古代采矿技术落后，不能继续开采或是对矿产共生组合缺乏识别能力，用现代的技术及经济条件重新评价，有时会发现非常有工业价值的矿床。我国不少矿区是在此基础上发展起来的。如广东石碌铁矿、凡口铅锌矿、大宝山多金属矿等矿区。所以我们对旧矿遗迹要深入细致地调查，通过对成矿规律、找矿地质条件的研究而找到更为重要的矿体。

（七）特殊地形与地名

由于矿体与围岩的矿物组成和物理化学性质的差别，抗风化能力不同，往往构成一些特殊地形。抗风化能力强的矿体，如含钨石英脉、含金石英脉等常呈正地形；抵抗风化能力弱的矿体，如煤层、金伯利岩等常呈负地形。这在应用遥感找矿或地表追索矿体也是一种有效的找矿标志。

特殊地名标志是指某些地名是古代采矿者根据当地矿产性质、名称、颜色、用途以及矿产的形状等来命名的。对我们选择找矿地区（段）有参改意义。如安徽铜官山（铜矿）、江西德兴铜厂（铜矿）、金山（金矿）、银山（铅锌矿）、湖南锡矿山（锑矿）等等。

（八）指示植物

植物都能对它们所处的地质环境做出反映，表现在植物种类的分布或者植物的外形、大小、颜色以及生长速率等生态的变化。植物这些生长习性的改变、均可作为找矿的指示标志。如我国长江中下游各铜区，普遍见有铜的指示植物——海州香薷，俗称铜草(图 3-13)。

上述各种找矿标志，往往不是孤立出现的，在找矿中应将发现的各种标志进行综合研究，并与地质特征联系起来分析，查明原因及其与成矿的关系，提高找矿工作效率。

图 3-13 海州香薷（铜草）

第三节 成 矿 预 测

一、成矿预测的概念与意义

成矿预测是在成矿地质理论指导下，总结成矿规律（或成矿模式）和找矿方式，对预测区的潜在矿产资源做出预测，圈定成矿远景区段，并提出进一步的找矿工作部署意见。

成矿预测的目的任务是：运用成矿理论总结区域成矿规律（或成矿模式）和找矿方式，圈定成矿远景区并做出评价，并编制相应的各种矿产预测图件。

根据预测的目的、任务和要求，整个成矿预测工作大体上可划分为大、中、小比例尺三类（表3-8）。

成矿预测工作分类简表　　　　　　　　表 3-8

预测工作分类		研究范围	预测目的	预测详细程度要求	
性质分类	尺度分类			定 性	定 量
资源总量预测	小比例尺	1:1000000～1:4000000	全国或数省范围，Ⅰ级成矿区带	全国或数省的资源比较评价，为地质找矿工作的总体规划提供依据	圈出成矿区（带）或不要求	资源潜力评价或资源总量预测
找矿靶区预测		1:500000～1:1000000	Ⅱ、Ⅲ级成矿区带	区域远景比较评价，为中比例尺地质测量及找矿工作提出靶区	圈出次级成矿区（带）	预测 G 级资源量
	中比例尺	1:100000～1:200000	Ⅲ、Ⅳ级成矿区带	区域远景比较评价，为大比例尺地质测量和找矿工作提出靶区	圈出矿带、矿区	预测 G 级资源量
	大比例尺	1:50000或更大	Ⅴ级成矿区带	矿区成矿远景比较评价，为部署详细找矿工作提出靶区	圈出矿田及矿床预测区	预测 G 级或 F 级资源量
矿床立体预测		1:10000或更大	矿田或矿床范围	矿田或矿床深边部立体定量预测，为地质勘探及生产探矿提供验证部位	预测盲矿体或富矿部位，提供验证工程方案或设计	预测 F 级或 E 级资源量

（据刘石年，1993）

成矿预测是矿产勘查的理论依据，又是重要的技术手段，随着找矿对象的改变，找矿难度的加大，成矿预测的作用日趋重要。目前国内外的矿产勘查工作证明，地质找矿工作已由直接阶段转变为以间接推断为主的理论找矿阶段。另一方面，各种矿产在地壳中的分布是极不均匀的。在许多的物化探异常、矿（化）点、矿化带或成矿带中，具有工业意义的矿化只是其中很少一部分，相当一些地段客观上就不存在矿床。因此，如何根据成矿规律和成矿信息，正确判断成矿远景区就成为找矿成败的关键。成矿预测的重要意义就在于它是实现科学性找矿的重要途径。其科学性表现为：成矿预测必须以深刻认识已知矿床为基础；必须以深入研究和总结区域成矿规律为前提；必须全面使用地质、地球物理、地球化学、遥感资料，使它们处于最佳的组合状态；找矿效果与经济效益是衡量成矿预测成败的关键。

二、成矿预测的一般程序和方法

(一) 成矿预测的一般程序

成矿预测工作程序，大致可归纳为：

1. 明确成矿预测要求

成矿预测工作开始，就应明确预测的目的和任务、预测的范围、预测的主要矿种、比例尺大小和原有的工作程度等。一般来说，中比例尺成矿预测是编制 1：200000～1：100000 比例尺的预测图，为普查找矿的地区选择、工作设计和远景规划提供依据。

2. 全面收集资料

全面收集研究地区的各种地质报告和图件、物化探、重砂测量等工作成果以及有关专著。并尽可能将成矿预测所必需的地层、构造、岩浆岩、矿床等各项地质资料，加以系统整理，使之条理化和图表化（如编制研究程度图、构造图、岩相图、古地理图、矿产图等等），为进一步研究成矿规律和预测奠定基础。

3. 研究成矿规律，建立成矿模式，编制成矿规律图和成矿预测图

在进行上述工作后，即可综合分析地质资料，全面地研究区域成矿规律，建立成矿模式（系指对一组相似矿床基本特征系统整理），编制相应的成矿规律图。然后根据已掌握的规律或模式，确定预测的准则，以成矿规律图为底图，突出各种控矿因素和矿化信息，编制成矿预测图，圈定矿产预测区，并划分远景级别，以反映预测的可靠程度。

(二) 成矿预测的方法

矿产预测的方法很多，但概括起来大致可分为以下四类。

1. 经验模式预测

经验模式预测方法是建立在类比理论基础上，一般通过模式类比来实现。该方法以矿床描述（存在）模式为基础，通过地质工作者的实践经验实施。

类比理论是成矿预测的基本理论，类比方法是成矿预测首要的或主要的方法，其他成矿预测方法都建立在类比方法基础之上。

相似地质环境下应有相似的矿床产出，相同的地质范围应有相近或等同的资源量。据此，应用成矿模式指导成矿预测成为首要方法，也是地质类比的基本依据。

2. 理论模型预测

理论模型预测方法是以矿床成因（概念）模式为基础，应用现代地质理论进行预测。目前，由于地质理论尚处于发展阶段，因此在预测的实践中还存在一定的困难，该方法还处在探索之中。一旦地质理论出现较大突破，理论预测必将随之出现较大突破性进展。

3. 统计分析预测

统计分析预测方法是以采用数理统计方法建立的基本统计模型为基础，然后进行外推预测。通常是在已勘探地区，以已知矿床为标准统计样品，建立统计模型。外推预测是在未知区进行的。未知区一般只具有普查工作程度。

4. 综合方法预测

综合方法预测又称综合信息成矿预测法（王世称，1986），是根据预测普查模式的理论和找矿的技术方法所获得的成矿信息，建立综合信息找矿模型，进行成矿预测的方法。

综合信息预测法是以找矿模型为基础，运用矿床的地质、地球物理、地球化学、遥感

地质等综合信息开展预测工作。它着眼于矿床成矿条件的分析、实际找矿标志的研究和成矿规律的总结，确定典型地质体、矿床或矿体与各种信息的相关联系，建立找矿模型，以指导相似和邻近地区的预测评价。综合信息成矿预测图也是以成矿规律图为底图，并圈定不同级别的找矿靶区，进行成矿预测。

三、成矿规律图与成矿预测图的编制

（一）成矿规律图的编制

成矿预测的中心环节，是成矿规律研究，只有规律抓住了，下一步预测远景评价才能迎刃而解。因此加强成矿分析，编好成矿规律图意义重大。

1．底图选择　因矿床成因不同而有所差别。内生矿床的成矿控制因素主要为岩浆活动、构造及围岩岩性等，因而一般以构造图（构造岩性图）作为成矿规律的底图。外生矿床通常用岩相—古地理图为底图，变质矿床则可用构造岩性图为底图。

2．图面内容　包括控制成矿的各种主要地质因素、矿床、矿点及有关蚀变等矿化现象，以及重要的物化探异常和重砂异常分布等。

3．区域成矿规律与矿化信息的综合分析　在综合有关基础图件、辅助图件的资料（如地质图、构造图、岩相—古地理图、矿产图等）和编图基础上，深入分析本区整个地质历史过程中沉积作用、岩浆活动及构造变动等与成矿的关系；了解整个地区地质发展各个阶段中的成矿作用特征；了解不同地段主要成矿控制因素；并选择产出条件比较典型的矿床（矿点）进行重点分析，总结其成矿控制因素及找矿标志，以了解与掌握各个成矿单元中各种矿产的形成规律及成矿特点。

4．划分区域成矿单元（或称成矿区划）　成矿单元是指在矿床类型及成因上具有一定的内在联系及共同特征的区域。它是根据成矿规律分析结果划定的。划分成矿单元的依据是：各区的地质特征及地质发展史；各区成矿作用特征；与上述条件相应的各区地球化学场及地球物理场的特征。成矿单元有大有小，具体命名可参考以下名称（线型分布的称"带"，面型分布的称"区"）：

（1）构造成矿带（区）　大致与一级构造单元的规模相适应；

（2）成矿带（区）　大致与二级构造单元的规模相适应；

（3）成矿亚带（亚区）　大致与三级构造单元的规模相适应；

（4）矿带（区）　大致与四级构造单元的规模相适应；

（5）矿田　低于四级构造单元的。

成矿规律图应根据区域矿化作用特征，按不同矿种分别编制或综合编制。与成矿规律图像对照，应编写文字说明书，简要叙述区域成矿规律、各成矿单元的成矿特征及单元划分的依据、典型矿床的例证等。

（二）成矿预测图的编制

在成矿规律图的基础上，可进行矿产预测，指出成矿远景区。显然，所研究的区域并不是全部都有远景，必须根据控矿因素、矿化信息和成矿规律深入分析，确定其中最有远景的某些成矿单元或其中局部地段，并将这些地段按其远景大小圈定不同级别的预测区。

1．底图的选择　通常以成矿规律图为底图，或以画有坐标网和水系的透明纸蒙在成矿规律图上进行分析。

2．图面内容　一般包括含矿岩系或有利成矿岩层；成因上或空间上与矿产有关的侵

入体；控制成矿的构造（如断层、不整合、接触带等等）；已知矿床（矿点）成矿特征及矿化信息；成矿单元及预测区。

3．预测区圈定的依据　一般根据矿床（矿点）的分布情况；与矿化有关的侵入岩；构造层的含矿性；控矿构造分析；重砂、物探、化探资料；有利于矿化的地层（岩性）分布情况；围岩蚀变资料；矿床共生和矿化带特征。综合分析来圈定成矿预测区。

4．预测区的远景级别划分　各种矿产的预测区都要根据地质条件有利程度，已知含矿情况（矿床及矿点的工业意义、工业类型等）和矿化信息的可靠性等来划分远景的级别。预测区按其成矿有利程度，一般划分为三级。

一级预测区：有重要工业类型的矿床（矿点），有优越成矿地质条件，矿化标志明显，为已有少量深部工程验证的地段。可布置大比例尺的综合找矿工作。

二级预测区：有较好的成矿地质条件，矿化标志明显，尚未发现工业矿床或只有少数矿点等。这级地段应加强物化探和综合研究工作，力求新的突破。

三级预测区：具有一定的成矿地质条件，尚未发现直接矿化标志。可适当安排物化探扫面和专门性普查找矿。

在图件完成之后，须编写文字说明书。主要论述各预测区的圈定依据、远景评价和进一步工作的建议。

思 考 题

3-1　找矿地质条件的概念，有哪些主要找矿地质条件？
3-2　岩浆岩地质条件研究与寻找内生矿床的关系？
3-3　寻找内生矿产应研究哪些地质条件？
3-4　寻找外生矿产应研究哪些地质条件？
3-5　研究地质构造条件在找矿工作中的意义？
3-6　何谓找矿标志？找矿标志有哪些？研究它的意义是什么？
3-7　什么是铁帽？如何区别真假铁帽？
3-8　成矿预测的概念、目的与任务是什么？
3-9　了解成矿预测的意义、工作程序及方法。
3-10　了解成矿规律图与成矿预测图的编制要求。

第四章 找矿方法

第一节 找矿方法概述

找矿方法是为了寻找矿产所采用的工作方法和技术措施的总称。实质上各种找矿方法是对找矿地质条件和各种找矿标志进行调查研究,以便达到找矿目的。由于调查研究找矿地质条件和找矿标志所采用的工作方法和技术措施不同,便产生了不同的找矿方法。

目前我国矿产勘查中经常采用的找矿方法,主要有如下几种:

一、地质测量法

在实地观察和分析研究的基础上,或在航空像片地质解释并结合地面调查的基础上,按一定的比例尺,将各种地质体及有关地质现象填绘于地理底图之上而构成地质图的工作过程。这一过程称地质测量,它是地质调查的一项基本工作,也是研究工作地区的地质和矿产情况的一种重要方法。因为通过地质测量能查明工作地区的地质构造特征和矿产形成、赋存的地质条件,为进一步的找矿或勘探工作提供资料。因此,矿产地质工作的各个阶段都需要按工作的目的和任务,分别测制不同比例尺的各种地质图。如为普查找矿而进行的地质测量,其比例尺为 1:50000 至 1:10000;勘探矿区所进行的地质测量,比例尺一般为 1:10000 至 1:1000。

二、重砂测量法

它是沿水系、山坡或海滨等,从松散沉积物(包括冲积、洪积、坡积、残积、滨海沉积等)中系统地采集样品,通过对重砂矿物的鉴定分析和综合整理,结合工作区的地质、地貌和其他找矿标志,发现并圈定有用矿物(或与矿产密切相关的指示矿物)的重砂异常,再依次追索原生矿床或砂矿床的方法。

三、地球化学探矿法

地球化学探矿法,简称化探。它是以地球化学理论为基础,以现代分析技术和电算技术为主要手段,从各种天然物质(如岩石、土壤、水系、沉积物、植物、水和空气等)中系统采集样品,分析测试样品中某些地球化学特征数值(如指示元素的含量,元素比值等),对获得的数据进行分析处理,以便发现地球化学异常,并通过对地球化学异常的解释评价而进行的找矿方法。常用的化探方法主要有:岩石地球化学测量、土壤地球化学测量、水系沉积物地球化学测量、植物地球化学测量、气体及水化学测量等。

四、地球物理探矿法

地球物理探矿法简称物探。它是以各种岩石和矿石的密度、磁性、电性、弹性和放射性等物理性质的差异为研究对象,用不同的物理方法和物探仪器,探测天然的或人工的地球物理场的变化,发现物探异常,通过解释评价物探异常而进行找矿的方法。常用的物探方法有:磁法勘探、电法勘探、重力勘探、地震勘探和放射性物探等。

五、遥感地质测量法

遥感地质测量是综合应用现代的遥感技术来研究地质规律，进行地质调查和资源勘察的一种方法。它是从宏观角度，着眼于由空中取得的地质信息，即以各种地质体和某些地质现象对电磁波辐射的反应作为基本依据，综合其他各种地质资料，以分析判断一定地区内的地质构造和矿产情况。它具有调查面积大、速度快、成本低、不受地面条件限制等优点。目前主要用于地质测量，发现和研究与矿产有关的地质构造现象等方面。

六、工程揭露法

工程揭露法，又称探矿工程法。它是利用各种探矿工程揭露被松散沉积物掩盖的或地下深处的各种地质体(特别是矿体)和地质现象，以便查明地质矿产情况的一种找矿方法。

第二节 重砂测量法

重砂测量是一种经济、简便、有效的找矿方法。利用重砂测量进行找矿时，主要是通过对水系沉积物中重矿物的鉴定分析，根据矿床或含矿岩石中某些有用矿物及伴生矿物在松散沉积物中所形成的机械分散晕（流），来追索、寻找矿床的。

一、重砂测量法的基本原理

（一）重砂矿物分散晕（流）的形成

地壳表面，由于长期遭受风化、剥蚀、搬运和沉积等外力地质作用，暴露在地表的原生矿体和矿化围岩在外动力地质作用下，不断地受到破坏。在这个过程中某些化学性质不稳定的矿物由于风化而分解，而某些化学性质较稳定的矿物，则成单矿物颗粒或矿物碎屑保留在机械分散晕中成为砂矿物。当砂矿物相对密度大于3时，称为重砂矿物。这些重砂矿物除一小部分能保留在原地外，大部分在重力和地表流水作用下，被搬运迁移而离开母体，沿着山坡迁移到坡积层中，再由坡积层经搬运进入水系沉积物中。

重砂矿物在水流中呈滚动、跳动和机械悬浮运动，是在重力和流水的搬运能力处于动力平衡状态下进行的。在一般情况下当水流速度减慢、重力超过流水的搬运能力时，则重砂矿物逐渐沉积，并在有利的条件下富集。在这种风化、搬运、沉积和富集的地质作用过程中，在残坡积层中形成了重砂矿物的分散晕；而在水系沉积物（冲积层）中成为重砂矿物的分散流。

（二）重矿物分散晕（流）的分布规律

1. 重砂矿物分散晕（流）的形态与矿源母体的形态、产状及其所处的地形位置有直接关系，等轴状矿体所形成的分散晕呈扇形；脉状及层状矿体顺地形等高线斜坡分布，形成梯形的重砂分散晕；如与地形等高线垂直，则形成狭窄的扇形重砂分散晕。

2. 重砂矿物分散晕（流）中重砂矿物含量，与其迁移距离有直接关系，距矿源母体较近，重砂矿物含量高，距矿源母体较远，则重砂矿物含量低。

3. 重砂矿物分散晕（流）中重砂矿物的粒度及磨圆度，与其原始的物理性质及迁移距离有关。矿物稳定性越强，迁移距离越小，则矿物颗粒较大，磨圆度差，呈棱角状。反之，粒度小，呈浑圆状（表4-1）。

二、重砂测量法的野外工作方法

重砂测量的野外工作主要包括重砂（样品采集）和重砂样品的淘洗与编录二个方面。

（一）重砂样品的采集

重砂取样是重砂测量的重要一环，取样质量的好坏直接影响到重砂测量的效果。根据重砂取样的种类、目的、任务及地形地貌特征，重砂取样总体布置分为3种。

机械分散流分布规律 表 4-1

矿物名称	矿床类型	辰砂、白钨矿沿水系变化											搬运距离
		矿床附近			1～2km			2～4km			4～7km		
		颗粒数	粒度(mm)	形态	颗粒数	粒度(mm)	形态	颗粒数	粒度(mm)	形态	颗粒数	粒度(mm)	形态	
辰砂	裂隙充填型	200～1000 g/m³	<0.1～2	棱角状	10～100 g/m³	<0.1～0.5	次棱角状	8～40 粒/m³	<0.1～0.25	次浑圆状	1～5 粒/m³	<0.1～0.15	浑圆	7km左右
白钨矿	矽卡岩型	>1000 g/m³	2～4	四方双锥	100～500 g/m³	0.5～1	棱角状	>1000 粒/m³	0.1～0.5	次浑圆状	80～150 粒/m³	<0.1～0.3	浑圆	7km以上

1．水系法

水系法是目前应用较广的一种重砂取样布置方法。通常对调查区二级以上水系进行取样。样点的布置可依照下述原则：

（1）大河稀，小河密，同一条水流则上游密下游稀，越近源头，取样密度越大；

（2）河床坡度大，跌水崖发育，流速大流量小的溪流应密，反之应较稀；

（3）主干溪流的两侧支沟发育且对称性好，则样点可放稀，反之应加密；

（4）垂直岩层主要走向的溪流应密，而平行岩层主要走向的溪流可放稀；

（5）对矿化、围岩蚀变发育地段，岩体接触带，岩性发生重大变化处的溪流冲积层应加密取样。

水系法取样间距可根据不同河流的级别加以确定（表4-2）。

不同长度的河流中重砂取样间距 表 4-2

河流长度（km）	沟谷性质	取样间距（m）	河流长度（km）	沟谷性质	取样间距（m）
<3	冲沟、切沟①	200～300	10～20	小河	400～500
3～10	小溪	300～400	>20	大河	500～700

①切沟系冲沟发育的初期阶段，长度小，宽度等于或小于其深度。

2．水域法

水域法是按着汇水盆地中各级水流的发育情况进行布样。取样前应对汇水盆地的水域进行划分，然后将取样点布置在各级水域中主流与支流汇合处的上游，以控制次级水域中有用矿物含量和矿物组合特征（图4-1）。

取样时应逆流而上，对各级水域逐一控制，对没有出现有用矿物的水域逐个剔除，对出现有用矿物的水域逐级追索，直至最小水域，达到追索寻找矿源母体的目的。水域法取样每个样品的控制面积视地质构造复杂程度和地貌条件而异，地质构造复杂，成矿有利地段，四级支流和微冲沟的每个样品控制在 1.5～2km² 为宜，地质条件中常地区，三级支流中每个样品控制面积可为 3～4km²，地质条件简单地区每个样品控制面积可为 5～8km²。

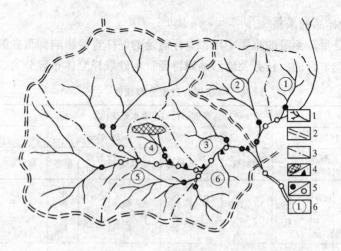

图 4-1 水域划分及采样点分布示意图
1—河流；2—三级水域界线；3—四级水域界线；4—矿体/矿物
碎屑；5—最小水域法采样点/水系法等距离采样点；6—水域编
号（注：原图以最小的汇水盆地中的水系划为一级水系，但以
主干河流划为一级水系，更符合实际和便于划分）

3．测网法

测网法是以重砂取样线距和点距组成纵横交叉的网格，样点布在"网格"的结点上。测网法取样目的是为了圈定有用矿物的重砂分散晕，进而寻找原生矿床，或者为了对砂矿进行勘查，从而进行远景评价。取样时线距应小于晕长的一半，点距应小于晕宽的一半。

由于重砂样品采取的对象不同，可有下述方法：

（1）浅坑法　它是以冲积物、坡积物和残积物为采取对象。以寻找原生矿床为主要目的。目前多采用在一个取样点运用"一点多坑法"的方式进行采样，以增强样品的代表性。取样深度视取样对象而定，一般对冲积层取样深度以 20~50cm 为宜；坡积层取样深度可在腐殖层以下 20~50cm；残坡积层取样深度决定于残积层厚度，样深均应达到基岩顶部。取样原始重量要求为 20~30kg，以保证获得 20g 灰砂为准。

（2）刻槽法　主要用于阶地重砂取样，在阶地剖面上进行，首先要除去表面的松散物质，然后从顶部到基岩垂直其厚度，以 50cm 长的样槽按层分段连续取样，样槽规格以保证取得一定数量的原始样品重量为准。

（3）浅井法　当冲积层、坡积层、残积层及阶地等松散沉积物厚度较大时采取的取样方法，目的是勘查现代砂矿或古砂矿。在浅井施工过程中，用刻槽、剥层或全巷法采集样品。其中剥层法应用较多，它是沿砂矿可采部位将整个剖面取样，开采时沿掌子面取样。剥层规格为：深度 5、10、15、20cm 不等，宽度一般为 0.5~1m。

（4）砂钻法　在松散沉积物很厚时采用，主要用于砂矿勘探。将钻孔中所取得的砂柱作为样品，样品长度 0.2~1m 不等，应视具体矿产种类而定。如砂金矿以 0.2~0.5m 为好，砂锡矿以 0.5~1m 为好。砂钻法取样主要运用大口径冲击钻。

（二）重砂样品的淘洗与编录

1．重砂样品的淘洗是重砂测量工作方法中的一道重要工序。淘洗质量的好坏，直接关系到重砂法找矿的效果。原始重砂样品一般在野外就地淘洗。淘洗工具主要有圆形淘砂盘和船形淘砂盘两种（图4-2）。

原始重砂样品一般淘洗至灰色为止，重量应在$10\sim15g$左右，以满足对样品分析的要求。若淘至黑砂，会使浅色的相对密度大的一些重要矿物如黄玉、锆石、磷灰石等，因淘洗过分而流失。总之，

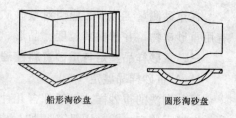

图4-2 淘砂盘示意图

重砂样品的淘洗以不漏掉有用矿物为基本原则。为保证与提高回收率，可先在野外粗淘，回室内再精淘。原始样品的淘洗一般按下列流程进行。

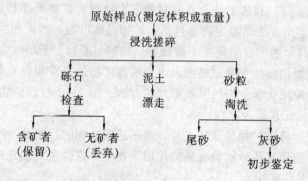

原始重砂样品淘洗时应注意的几点要求：

（1）对于含泥质较多的样品，在淘洗时，应先将泥洗净，以免重砂随泥浆漂走。

（2）风化壳砂矿及某些残坡积砂矿中，有用矿物常与其他矿物胶结在一起，为了避免有用矿物在淘洗时被其他矿物带走，应先把样品中各种胶结的碎块搓碎，使重砂矿物和其他矿物分离开来。

（3）硬度小的矿物，粒细容易流失，呈片状的以及解理发育的矿物，容易漂走，淘洗时动作要轻要慢。

2．重砂样品的野外编录与初步鉴定

重砂取样的野外编录是重砂测量工作方法中必不可少的一项重要内容。在野外不但要重视重砂取样的实际操作，同时也要注意取样路线和取样点附近的地质观察，做简单的记录和描述，并将取样点标绘在地形图上，注明点号。记录描述的内容见表4-3。

重砂取样野外记录表 表4-3

取样日期	取样点编号	取样地址	取样沉积物的类型	被淘洗的沉积物	取样点附近的地质情况	取样方法及其深度	原始样品重量	重砂重量（灰砂）	有用矿物及其含量（g/m³）	其他矿物	取样层内的转石成分	附注
1	2	3	4	5	6	7	8	9	10	11	12	13
5月13日	102	三道岔	砂咀冲积物	砂砾石	斜长角闪岩大面积分布	浅坑深0.4m	25kg	15g	自然金0.23g/t	黄铁矿、石英、角闪石、绿泥石、绢云母	斜长角闪岩、角闪斜长片麻岩混合岩和石英等	重砂矿物具棱角状

在重砂测量工作中，应当对重砂矿物进行野外鉴定。初步鉴定时应注意发现指示性的有用重砂矿物，并掌握其粒度、晶形、磨圆度的变化和重砂矿物组合的大致情况。

三、重砂样品鉴定与重砂资料整理

（一）重砂样品鉴定

野外淘洗的重砂样，一般都含几种或几十种不同矿物，但有用矿物只占很小部分。因此，在镜下鉴定之前，样品必须按一定的流程进行分离，以利于有用重矿物的分析与鉴定。常用的分离方法有：精淘、重液分离、重熔分离、浮选法等。

重砂矿物的室内鉴定，其目的一般是为了确定重砂矿物的名称和含量、矿物的共生组合与标型特征，通常采用的鉴定方法有：

1．双筒显微镜鉴定　将砂矿物放在双目镜下直接观测矿物外部特征与某些物理性质，是常用的最基本的鉴定方法。鉴定内容包括：矿物晶体形态、砂矿物的表面特征、砂矿物的颜色、条痕、光泽、透明度、硬度、磨圆度、解理与断口、延展性、包体与连生体等。

2．油浸法　主要用浸油来测定透明及半透明砂矿物的光性和折光率。

3．微化分析　应用化学分析的某些原理和方法，用1～2粒砂矿物和少量试剂，迅速确定矿物中某些特征元素是否存在。

4．反光镜鉴定　将砂矿物磨成砂光片，测不透明矿物的反光性、反射率等。

5．发光分析　利用某些砂矿物在外能作用下产生一定强度和颜色的光（磷光和荧光）的发光性，来鉴别某些矿物。

（二）重砂资料整理

所谓重砂资料整理就是根据重砂样品的详细鉴定成果，按矿种或矿物组合以不同方式编制成图，结合地质地貌特征圈定重砂异常区，编绘重砂成果图。重砂成果图的底图应采用同比例尺或较大比例尺的地形地质图或矿产地质图。

重砂成果图表示方法有圈式法、符号法、带式法及等值线法4种。

1．圈式法　为常用的一种图示方法，可同时表示多种矿物含量，并可指出重砂矿物的搬运方向及其共生组合的变化情况。圈式法是以取样点为圆心，以5mm（1:50000重砂图）或3mm（1:200000重砂图）为直径画圆圈，再将之以直径分成若干"弧底等腰三角形"，每个三角形用不同彩色或花纹符号表示不同矿物，并以涂色或花纹符号所占面积来表示各矿物的含量。究竟分成几等份，要视矿种多少而定。有4等份的，即4个象限；也可分8等份或12等份。如果取样点太密致使圆圈重叠，可将圆圈画在取样点的上、下两侧的任一侧（图4-3）。

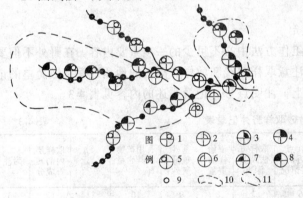

图4-3　圈式重砂图

1—锡石含量数粒；2—锡石含量数十粒；3—锡石含量1～10g/m³；4—锡石含量>10g/m³；5—钛铁矿含量100g/m³；6—钛铁矿含量100～500g/m³；7—钛铁矿含量>1000g/m³；8—钛铁矿含量>1000g/m³；9—采样位置；10—钛铁矿异常区；11—锡石异常区

2．符号法　将有用矿物的主要

元素符号标注在取样点旁侧（图 4-4）即可。此法简单方便，作图快。但不能表示有用矿物含量，同时当矿种较多时，符号排列拥挤，图面不清晰。这种表示方法只适用于以单一或少量矿种为寻找对象的野外定性分析之草图。

3．带式法 将同一种矿物的相邻取样点连接成条带，并以条带的颜色或花纹、宽窄、长轴方向分别表示矿物种类、含量和搬运方向（图 4-5）。此法能明确表示出有用矿物的富集地段，并直观地指示找矿方向。如果矿物种类较多，图面就不清晰。此图适用于砂矿普查与详细重砂测量。

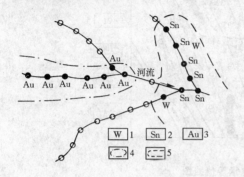

图 4-4 符号式重砂图
1—黑钨矿；2—锡石；3—自然金；
4—自然金异常区；5—锡石异常区

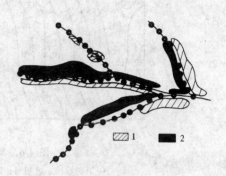

图 4-5 带式重砂图
1—锡石；2—钛铁矿

4．等值线法 以有用矿物含量做分散晕等值线，即将相同含量的相邻点连接成曲线即可（图 4-6）。此法用于 1:10000、1:2000 的大比例尺残坡积重砂找矿或砂矿勘探（用测网法部署取样点）一般按单矿物编制，效率较低。但随着数理统计和电算方法的应用，在中小比例尺（1:200000）的重砂测量中也可用此法表示重砂成果，以求得到更多醒目的信息和资料。

四、重砂异常的解释评价与检查

（一）重砂异常的解释评价

目前常从以下几方面评价异常区：有用矿物含量、矿物共生组合、矿物标型特征、重砂矿物搬运的可能距离、重砂矿物空间分布特征以及异常区地质地貌条件等。

1．有用矿物含量

它是评价异常区的基本依据。它表明重砂异常的强度。连续的高含量点的出现，表明异常不是偶然的，由矿化引起的可能性极大；而那些孤立高含量点则很可能是由偶然因素引起的。考虑高含量时必须研究一切可能影响含量的因素：矿源母体中的该矿物含量特征、取样处疏松沉积物类型、取样点所处的地质条件和地貌特征及矿床类型和产状等。只有这样，才能真正做到由表及里、去伪存真。

2．重砂矿物标型特征

矿物标型特征能反映矿物及其"母体"形成时的物理和化学条件，表现在形态、成分、物理性质、化学性质、晶体结构等方面的特点。重砂矿物的标型特征对评价异常区具有特殊意义。它可提取一些难得的成矿信息，特别对判断原生矿床的成因类型更能提供可靠依据。

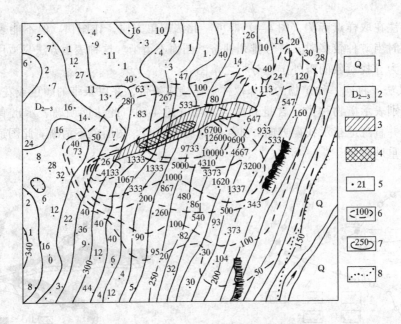

图 4-6 某矿区辰砂含量等值线图

1—第四系残、坡积层；2—中—上泥盆统；3—含矿带；4—矿体；
5—取样点位置及辰砂含量的颗粒数；6—辰砂等含量线；
7—等高线及高程；8—地质界线

3. 重砂矿物共生组合

从找矿角度出发，利用重砂矿物共生组合可分辨真假异常及作为找矿标志。还可利用重砂矿物共生组合判断原生矿的成因类型。

4. 重砂矿物搬运的距离

分析重砂矿物搬运的距离，对于确定原生矿床的位置及评价砂矿床具有重要意义。影响重砂矿物搬运距离的因素，一方面是重砂矿物的稳定程度，另一方面是迁移环境，根据经验数据，锡石砂矿距原生矿床一般不超过 5~8km，自然金搬运距离可达数百千米，但具工业意义的砂金矿富集在距原生矿床不远的地方。在判断重砂矿物搬运距离时，必须注意其磨圆度及矿物的形态特征。

5. 重砂矿物空间分布特征

重砂矿物的空间分布严格受区内各地质体控制，在进行异常区评价时，应将重砂矿物的分布与成矿的地质、地貌条件联系起来，以便追索寻找原生矿。

（二）重砂异常的检查

重砂异常检查的目的在于检查分析引起"异常"的原因，对"异常"的找矿意义做出评价。它是在异常区评价的基础上，采用必要的技术手段，进一步实地进行的地质调查工作。具体做法有以下几种：

对异常区加密重砂取样。取样密度视工作目的要求而定，可以是 20m×50m，50m×100m，也可以是 100m×100m。

为了查清有用矿物的矿源母体，对异常区的各种岩石和矿化蚀变等地质体，采取一定数量的人工重砂样品。

残坡积层的重砂取样，当发现有用矿物的高含量带且其粒度、形态及伴生矿物等方面都具有接近原生矿床的特征时，应在取样点附近施以剥土或布置槽、井探工程，进而查明异常的空间分布，圈定原生矿体的范围。

当经过调查研究而判断是由矿体或与矿体有关的地质体所引起的异常时，应对此有希望地段采用必要的钻探或坑探工程进行揭露、验证，查明有用矿物在垂直方向上的变化规律及与原生矿床的关系。

五、重砂测量报告的编写及应用

（一）重砂测量报告的编写

通常重砂测量报告的基本内容如下：

1．工作的目的与要求，完成任务情况。

2．工作区的地质概况：简述区内主要岩石类型、矿化蚀变特征、构造、接触带、地形和地貌、水系分布等。

3．工作概述：应包括工作方法（野外及室内），样品的分离流程，工作成果简述等。

4．有用重砂矿物组合及特征：

（1）矿物组合及其特征变化。

（2）有用矿物的种类，物理化学特征及含量变化。

5．对重砂矿物异常的解释与评价意见。

（1）有用矿物异常的特征：

1) 异常下限值的确定。

2) 矿物含量统计及异常值的分级，说明异常值的分级及其与原生矿床（体）空间分布的关系。

3) 重砂矿物异常分散晕特征：如数量、矿种、搬运距离和空间分布规律等。

（2）对重砂矿物异常或分散晕特征的认识。

综合工作区内自然重砂和人工重砂资料，结合区域地球化学和地质特征，初步指出有用矿物的来源，原生矿床的可能类型，工程检查验证情况，明确寻找原生矿床和砂矿床的方向。

（二）重砂测量的应用

重测量最适用于寻找金属和稀有金属（包括分散元素及其有关的矿产）。如：金（自然金）、铂（自然铂）、锡（锡石）、钨（黑钨矿、白钨矿）、汞（辰砂）、钛（钛铁矿、金红石）、铬（铬铁矿）、钽（钽铁矿）、铌（铌铁矿）、铍（绿柱石）、锆（锆石）、铈（独居石）、钇（磷钇矿）等；也可用于寻找某些非金属矿产，如：金刚石、刚玉、黄玉、磷灰石等。有时在条件有利的情况下，还可为寻找铜、铅、锌等有色金属矿产提供线索。

重砂测量不仅可以追踪原生矿床，而且可以寻找砂矿床（包括风化壳型矿床）。根据重砂矿物的特征、矿物共生组合，可以预测矿床的类型和岩石的分布及追索圈定与成矿有关的侵入体等，直接或间接地指导找矿。

第三节 工程揭露法

工程揭露法即通过探矿工程揭露松散覆盖的和地下深处的地质体（包括矿体）进行地

质观察研究，从而取得地质矿产资料的方法。

一、探矿工程种类

(一) 坑探工程

在岩石或矿石中挖掘坑道以便勘查揭露矿体或者进行其他地质勘查工作，这些坑探工程以其使用的条件和作用可以分为如下主要类型：

1. 探槽（TC） 它是在地表挖掘的一种槽形坑道（图4-7），其横断面为倒梯形，探槽深度一般不超过3～5m，探槽断面规格见表4-4，视浮土性质及探槽深度而定，以利于工作，保证施工安全。

探槽断面规格参考表　　表4-4

覆盖层性质	深度(m)	底宽(m)	口宽(m)	边坡
风化十分强烈	1～3	1	1.6～6.0	65°～73°
风化厉害，较松散	1～3	1	1.4～5.8	73°～78°
风化不强烈，浮土微密	1～5	1	1.3～7.0	73°～87°
风化较轻，紧密结实	1～5	1	1.2～5.0	78°～84°

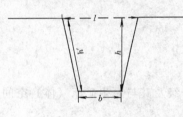

图4-7 探槽断面图

h—探槽深度；h'—槽壁斜深；
l—探槽口宽；b—探槽底宽

探槽的布置应垂直矿体走向或矿体平均走向来布置。探槽有两种，即主干探槽和辅助探槽。主干探槽应布置在工作区主要的剖面上或有代表性的地段，以研究地层、岩性、矿化规律、揭露矿体等。而辅助探槽是在主干探槽之间加密的一系列短槽，用于揭露矿体或地质界线，可平行主干探槽，也可不平行。

所有探槽适用于浮土厚不大于3m。当地下水面低时，覆盖层厚达5m时也可使用探槽。

2. 浅井（QJ） 它是由地表垂直向下掘进的一种深度和断面均较小的坑道工程。浅井深度一般不超过20m，断面形状可为正方形或圆形，断面面积为1.2～2.2m²。浅井的布置由于矿体规模产状不同，其布置形式也不同。当矿体产状较陡时，可在浅井下拉石门或穿脉，当矿体产状较缓时，浅井应布置在矿体上盘（图4-8）。

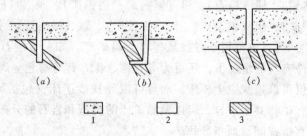

图4-8 浅井布置形式图

(a) 缓倾斜浅井布置；(b) 陡倾斜浅井带石门；
(c) 陡倾斜带岔浅井；1—残积层；2—围岩；3—矿体

浅井主要用于揭露松散层掩盖下的矿体，深度一般不超过20m。对某些矿床如风化矿床，浅井是主要的勘探手段，对于大体积取样的金刚石砂矿或水晶砂矿来说，只能用浅井来勘探。

3. 平硐（PD） 从地表向矿体内部掘进的水平坑道（图4-9中的 a）。断面形状为梯形或拱形。主要用于揭露、追索矿体，也是人员出入、运输、通风、排水的通道。在地形条件有利时应优先使用平硐坑道。

4. 石门（SM） 在地表无直接出口与含矿岩系走向垂直的水平坑道（图4-9中的 b）。石门常用来连接竖井和沿脉，揭露含矿岩系和平行矿体等。

5. 沿脉（YM） 在矿体中沿走向掘进的地下水平坑道（图4-9中的 c），用以了解矿体沿走向的变化，在矿体之外的沿脉坑道，可供行人、运输、通风、排水之用。

6. 穿脉（CM） 垂直矿体走向并穿过矿体的地下水平坑道（图4-9中的 d）。穿脉用以揭露矿体厚度、圈定矿体，了解矿石组分及品位，查明矿体与围岩的接触关系等。

7. 竖井（SJ） 是直通地表且深度和断面都较大的垂直向下掘进的坑道（图4-9中的 e）。竖井是人员出入、运输、通风、排水的主要坑道，竖井在矿床勘探和

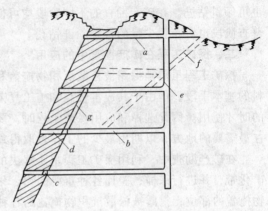

图 4-9 地下坑探工程
a—平硐；b—石门；c—沿脉；d—穿脉；
e—竖井；f—斜井；g—上山（或下山）

采矿时均可应用，采矿竖井有主井、副井及通风井之分。竖井应布置在矿体的下盘，以确保采矿时使用安全，即可减少矿量损失，保证其他地下坑道的稳固。竖井断面面积有 4、4.5、5.5、6、6.5、7m² 等。一般情况，设计竖井不宜过多，一个矿床设计 1~2 个就可以了。

8. 斜井（XJ） 是在地表有直接出口的倾斜坑道（图4-9中的 f）。适用于勘探产状稳定且倾角小于45°的矿体。斜井与竖井相比，可减少石门长度，但斜井长度比竖井深度大。

9. 暗井（AJ） 在地表没有直接出口的垂直或倾斜的坑道（图4-9中的 g）。断面一般为长方形，面积为 1.5m×2.5m。垂直暗井又称天井，倾斜暗井又称上山或下山。暗井的作用为：在地下坑道中向上或向下勘探矿体、追索圈定被错断的矿体、贯通相邻的中断水平坑道。

各水平坑道的断面规格：其形状一般为梯形或拱形，坑道净高不小于1.8m，矿车与坑道一侧的安全间隔为 0.2~0.25m，人行道宽度为 0.5~0.7m，水平坑道应有 0.3%~0.7%的坡度，弯道曲率半径应为小于矿车轴距 7~10 倍。斜井断面形状有梯形和矩形，净高不低于1.6m。

坑道工程特别是地下坑道工程，由于成本高，施工困难，因此多用于矿床勘探阶段，在使用时应考虑矿床开采时的需要。

（二）钻探工程

钻探工程是通过钻探机械向地下钻进钻孔，从中获取岩芯、矿芯借以了解深部地质构造及矿体的赋存变化规律，其钻进深度，对于固体矿产多为 100~1000m。钻探工程是主要的矿产勘查手段。

1. 浅钻　垂直钻进的浅型钻，其钻进深度多在 100m 之内，用以勘查埋深较浅的矿体。当涌水量大而无法用浅井勘探时，可采用浅钻。浅钻在矿点检查及物探化探异常的验证时经常使用。

2. 岩芯钻　是机械回转钻，备有一整套的机械设备如钻塔、钻机、水泵、柴油机或电动机、钻杆及套管等。钻进深度 300~1000m。用以勘查深度较大的矿体，可垂直钻进，也可倾斜钻进。在矿产勘查的不同阶段均可使用，但较多的是在详查及勘探阶段使用。在普查阶段也可布置少量的普查验证钻孔。

二、探矿工程在矿产勘查中的应用

探矿工程虽然是揭露被松散沉积物掩盖和地下深处的各种地质现象，取得地质矿产资料的基本手段，但由于其成本较高和施工复杂，所以只有当利用其他手段无法达到地质目的时才使用。因此选择和应用探矿工程时，要充分考虑地质与经济效果，将探矿工程布置在最需要的地方，以期用最少的工作量取得最多的地质矿产资料。

在矿产勘查中，利用探矿工程主要解决的地质矿产问题是：揭露、追索和圈定矿体、矿化带，并进行采样；验证各种重要的物、化探异常；揭露实测地质剖面线上被松散沉积物掩盖的部位；揭露被松散沉积物掩盖的各种地质体及其相互接触关系。

*第四节　地球化学探矿法

一、地球化学探矿法的基本原理

地球化学探矿主要是通过发现异常、解释评价异常的过程来进行的，所以说研究地球化学异常是化探的最基本问题，而地球化学异常又是相对于地球化学背景而言的。弄清这些概念，对化探至关重要。

（一）地球化学背景与背景含量

在无矿或未受矿化影响的地区，区内的地质体和天然物质没有特殊的地球化学特征，且元素含量正常，这种现象称为地球化学背景，简称背景。正常含量也叫背景含量。元素呈正常含量的地区称背景区。

背景区内，元素的分布是不均匀的，故背景含量不是一个确定的值，而是在一定范围内变动的值。背景含量的平均值为背景值。用公式表示为：

$$C_o = \frac{\sum_{i=1}^{n} C_i}{n} \tag{4-1}$$

式中　C_o——背景值；
　　　C_i——各点的含量值；
　　　n——样品的数目。

背景含量的最高值称为背景上限值，或称背景上限。高于背景上限值的含量就属于异常含量。因此，也可以称背景上限值为异常下限。

（二）地球化学异常与异常值

在广大背景区中，往往有一部分天然物质及地球化学特征与背景区有显著不同，这就是地球化学异常。

如果用数值来表达异常的特征，则该值叫地球化学异常值。其对应的地区称为地球化学异常区，简称异常区。

计算异常值下限的公式如下：

$$C_a = C_o + (2 \sim 3)\sigma \qquad (4\text{-}2)$$

式中　C_a——异常下限值；

　　　C_o——背景值；

　　　σ——标准差。

（三）地球化学异常的分类与地球化学找矿

1．地球化学异常的分类

地球化学异常可以分为原生地球化学异常（原生异常）和次生地球化学异常（次生异常）。前者为基岩中形成的异常；后者为岩石、矿石遭表生风化破坏后，在现代疏松沉积物、水及生物中形成的异常。

根据与介质形成的时间关系，地球化学异常也可以分为两类：同生地球化学异常（同生异常）和后生地球化学异常（后生异常）。同生异常与介质同时形成，后生异常则是在介质形成后，异常物质以某种方式进入介质而形成的。

根据规模大小，又可将地球化学异常分为三类：地球化学省、区域地球化学异常（区域异常）和局部地球化学异常（局部异常）。

2．地球化学找矿

根据地球化学找矿取样介质的不同可以分为下列五类：

（1）岩石地球化学测量；

（2）土壤地球化学测量；

（3）水系沉积物地球化学测量（即分散流测量）；

（4）水化学测量；

（5）气体地球化学测量。

上述各类地球化学找矿方法中，以前三种最常用，比较成熟且找矿效果也较好。

二、地球化学探矿法的野外工作方法

野外工作中定点、采样及编录等各环节的质量好坏，直接影响异常的推断解释，故需特别注意。

（一）定点及编号

将采样点的位置准确地标定在相应的图件上称为定点。测区用规则测网采样时，将测量结果换算成坐标落在图件上就行了。采样点的误差最好不超过点线距的 $1/20 \sim 1/10$。若用不规则测网采样时，定点的误差要大些，一般要求定点的误差在相应图中不超过 1mm。

编号即将所采样品按顺序编号，依工种不同方法分别进行连续编号。若同一方法但取样对象不同则需分别编号，以免混淆。如水化学测量时，取的泉水、井水、钻孔水、坑道水、地表水等等，则应分别编号为泉$_{1,2,3}$……，井$_{1,2,3}$……，坑$_{1,2,3}$……等等。

（二）采样

每个样品在一定条件下代表了采样点的情况，全部样品则反映测区的全貌。为了使样品有代表性，采样时必须注意各种方法的特点和要求。

1. 岩石测量采样

（1）地表岩石测量采样有三种方式：采新鲜基岩、采半风化基岩和风化基岩的残积碎块。采集时一般在直径1m范围内，敲取3~5块组成一个样品，分别包装不得混淆。要注意避免样品的人为富集和贫化。

（2）钻孔岩石测量采样。对岩芯自上而下按一定间距采样，每个样品在点距1/10范围内采3~5块组成。点距一般为0.5~5m，近矿加密，远矿放稀。

浅井、探槽、坑道内的采样大致与钻孔岩芯采样相同。

（3）岩石背景测量采样（即正常区的岩石采样）

在采样点$1m^2$的范围内，均匀采取无矿化现象的新鲜基岩3~5块组成一个样品。为了有代表性，同种岩性样品数一般不得少于30件。所有岩石测量的样品重量一般为100~200g。

2. 土壤测量采样

其对象为正常发育的残坡积层，而不是冲积、塌积、冰碛形成的土壤。样品应当采自最富含指示元素的层位层，一般采自B层（即残积层）。A层（即腐植殖层）因含大量植物根系等有机质对分析工作不利，故不予采集。一般说样品采自残积层中的砂质土、黏土、细砂土、粉砂土等等，混入的岩石碎块、植物根系应予除掉。每个样品的原始重量为100~150g。

3. 水系沉积物测量采样

采样对象为水系中的淤泥、细砂、粉砂等。由于水系沉积物中元素分布的不均匀性，因而样品不能简单地按点距要求随意采集，必须采自富含指示元素的沉积物才能发现异常。

在水流湍急的河溪中采样，采样位置要取水流变缓停滞处、大转石背后以及河溪转弯内侧，因为这些地方有较多的细粒物质。为了保证样品的代表性，可在采集点附近一定范围内（10~30m）采集若干个点组合成一个样品，样品的原始重量应能满足过60~80目筛后还有20~30g。

（三）记录与编录

这是化探的基本文字依据，也是资料整理和异常解释的重要原始依据。

1. 记录内容　除编号、位置、重量、性质等内容外，遇到矿化、污染等特殊现象都要记录。要求重点突出，简单明了。

2. 野外记录工具　一律用铅笔书写，禁止用钢笔、圆珠笔或其他化学铅笔，这样便于保存。

3. 编录的其他注意事项　每天的样品要在当天收工后进行统一编录，以之作为加工及送样分析的依据。当天不整理完毕，容易与第二天的样品混淆，影响成果的准确性。

（四）样品的初步加工

岩石测量样品是块状，土壤、分散流测量的样品粒度大小不一且含有杂质，故不能立即送去分析，需要加工，使之达到适合的元素富集粒度，让样品有代表性和均匀性。

各种样品加工方案：

1. 岩矿测量样品　原始样（100～200g）→干燥→粗碎→过 20 目筛孔→研磨→全部过 30 目筛孔→缩分至 40g→研磨→过 80 目筛孔→取 20g 送分析→剩余部分留作副样。

2. 土壤、分散流测量样品　原始样（100～150g）→干燥→搓碎→过 60 目筛孔→缩分取 20g 送分析→剩余部分留做副样。

三、地球化学探矿的资料整理与异常解释评价

地球化学找矿中，在野外完成了样品采集后，都要对样品进行分析，对分析的成果进行综合整理，对所谓得到的地球化学异常进行解释和评价。

（一）资料的整理

地球化学找矿的资料，包括各种原始资料、各种地球化学图表及有关文字报告。

1. 原始资料的整理

地球化学找矿的原始资料，包括采样记录本、地质观察记录本、各种送样单、分析及鉴定报告、现场测定记录、有关照片等。这些原始资料应登记造册，清理审核并应有专人负责。

2. 化探成果图的编制

化探图件通常包括实际材料图和化探成果图两类。

（1）实际材料图

这种图件在中小比例地质矿产调查、普查过程中，一般是单独编制的。图的内容应真实反映化探工作的全部实际材料，其中包括采样线或采样水系、采样点位及编号，并在采点旁边标上指示元素含量。

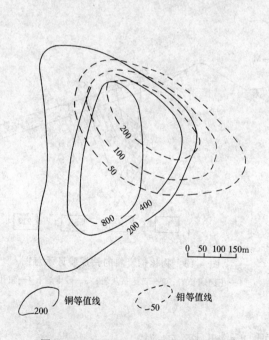

图 4-10　原生异常铜、钼等值线图

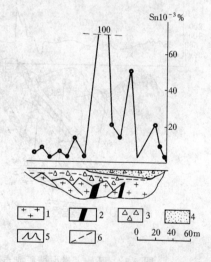

图 4-11　地球化学剖面图

1—花岗岩；2—矿体；3—碎屑质残—坡积物；4—细土质残坡积物；5—成矿元素含量曲线；6—季节性变化界线

（引自 В.М.ПИТУЛЬКО 等）

实际材料图的底图一般采用与野外工作实际用图相同或大一倍比例尺的简化地质图或水系的平面图。前者用于岩石地球化学测量和土壤地球化学测量，后者用于水系沉积物

测量。

(2) 化探成果图

主要有平面图和剖面图两类：

1) 地球化学平面图：从平面上表达工作地区各种化探成果的图件。编制这类图件的出发点就是在平面上如何用各种图示去正确地表达化探异常（图4-10）。

2) 地球化学剖面图：这是地质剖面与指示元素含量变化曲线相结合的一种图示方法（图4-11、4-12）。

四、异常的解释与评价

化探工作概括起来，不外乎发现异常和解释异常。解释评价异常的目的是更有效地找矿。地质上的规律往往是复杂的，异常解释评价工作必须要有充分的依据。因此，异常解释评价必须以矿产地质为基础，以地球化学理论为指导，深入研究对比异常的特征，参考并综合分析各种找矿方法成果，只有这样才能获得良好的找矿效果。如某地土壤中发现一个形态近似椭圆形的铜、铅、银、钼等多元素组合的异常，根据当地质情况推断，可能为花岗闪长岩体与灰岩接触带的异常，后经探槽揭露，证实了上述推断是正确的。但是，通过探槽壁底的详细地质观察、编录和化学取样，未发现工业矿体（铜品位仅为0.05%～0.15%之间）。为确定所发现异常的性质，便进行槽底基岩的岩石地球化学测量，所发现的原生异常特征与已知有矿异常对比，相当于工业矿体的前缘异常，这表明深部可能隐伏盲矿体。接着开展物探磁法详查，推断接触带的深部存在凹形部位，为有利成矿构造部位，经钻探验证，确实打到铜的工业矿体（图4-13）。

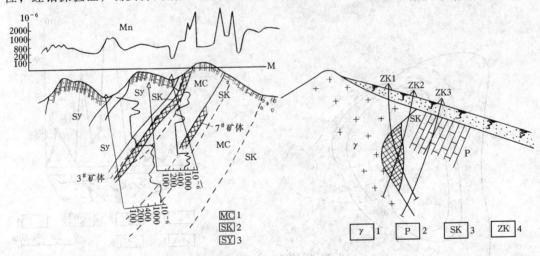

图 4-12 某矽卡岩型铁矿地表及钻孔岩芯中的锰异常

1—大理岩；2—矽卡岩；3—变质泥砂岩

图 4-13 物化探资料的钻探验证示意图

1—花岗闪长岩；2—二选系灰岩；3—矽卡岩；4—钻孔

*第五节 地球物理探矿法

一、地球物理探矿法的基本原理

物探的基本特点是研究地球物理场或某些物理现象。如地磁场、地电场、放射性场等，而不是直接研究岩石或矿石，它与地质学方法有着本质上的不同。通过场的研究可以了解掩盖区的地质构造和产状。它的理论基础是物理学或地球物理学，系把物理学上的理论（地电学、地磁学等）应用于地质找矿。因此具有下列特点和工作前提：

（一）物探的特点

1．必须实行两个转化才能完成找矿任务。先将地质问题转化成地球物理探矿的问题，才能使用物探方法去观测。在观测取得数据之后（所得异常），只能推断具有某种或某些物理性质的地质体，然后通过综合研究，并根据地质体与物理现象间存在的特定关系，把物探的结果转化为地质的语言和图示，从而去推断矿产的埋藏情况与成矿有关的地质问题，最后通过探矿工程验证，肯定其地质效果。

2．物探异常具有多解性。产生物探异常的原因，往往是多种多样的。这是由于不同的地质体可以有相同的物理场，故造成物探异常推断的多解性。如磁铁矿、磁黄铁矿、超基性岩，都可以引起磁异常。所以工作中采用单一的物探方法，往往不易得到较肯定的地质结论。一般情况应合理地综合运用几种物探方法，并与地质研究紧密结合，才能得到较为肯定的结论。

3．每种物探方法都有要求严格的应用条件和使用范围。因为矿床地质、地球物理特征及自然地理条件因地而异，从而影响物探方法的有效性。

（二）物探工作的前提

在确定物探任务时，除地质研究的需要外，还必须具备物探工作前提，才能达到预期的目的。物探工作的前提主要有下列几方面：

1．物性差异，即被调查研究的地质体与周围地质体之间，要有某种物理性质上的差异。

2．被调查的地质体要具有一定的规模和合适的深度，用现有的技术方法能发现它所引起的异常。若规模很小、埋藏又深的矿体，则不能发现其异常；有时虽然地质体埋藏较深，但规模很大，也可能发现异常。故找矿效果应根据具体情况而定。

3．能区分异常，即从各种干扰因素的异常中，区分所调查的地质体的异常。如铬铁矿和纯橄榄岩都可引起重力异常，蛇纹石化等岩性变化也可引起异常，能否从干扰异常中找出矿异常，是方法应用的重要条件之一。

二、地球物理探矿法的应用及其地质效果

（一）应用物探找矿的有利条件与不利条件

1．物探找矿有利条件：地形平坦，因物理场是以水平面做基面，越平坦越好；矿体形态规则；具有相当的规模，矿物成分较稳定；干扰因素少；有较详细的地质资料。最好附近有勘探矿区或开采矿山，有已知的地质资料便于对比。

2．物探找矿的不利条件：物性差异不明显或物理性质不稳定的地质体；寻找的地质体或矿体过小过深，地质条件复杂；干扰因素多，不易区分矿与非矿异常等。

（二）物探方法的种类、应用条件及地质效果简要列于表4-5。

物探方法的选择，一般是依据工作区的下列三方面情况，结合各种物探方法的特点进行选择：一是地质特点，即矿体产出部位、矿石类型（是决定物探方法的依据）、矿体的形态和产状（是确定测网大小、测线方向、电极距离大小与排列方式等决定因素）；二是地球物理特性，即岩矿物性参数，利用物性统计参数分析地质构造和探测地质体所产生的各种物理场的变化特点。如磁铁矿的粒度、品位、矿石结构等对磁化率的影响，采用方法的有效性等；三是自然地理条件，即地形、覆盖物的性质和厚度及分布情况、气候和植被土壤情况等。

物探方法的种类、应用条件及地质效果简要表　　　　　表 4-5

方法种类	优 缺 点	应 用 条 件	应用范围及地质效果
放射性测量法	方法简便效率高	探测对象要具有放射性	寻找放射性矿床和与放射性有关的矿床，以及配合其他方法进行地质填图、圈定某些岩体等。对放射性矿床能直接找矿
磁法（磁力测量）	效率高、成本低、效果好。航空磁测在短期内能进行大面积测量	探测对象应略具磁性或显著的磁性差异	主要用于找磁铁矿和铜、铅、锌、铬、镍、铝土矿、金刚石、石棉、硼矿床，圈定基性超基性岩体进行大地构造分区、地质填图、成矿区划分的研究及水文地质勘查。如南京市梅山铁矿的发现，北京市沙厂铁矿远景的扩大；甘肃省某铜镍矿、西藏某铬矿床、辽宁省某硼矿床应用此法，地质效果显著
自然电场法	装备较简便，测量仪器简单，轻便快速、成本低	探测对象是能形成天然电场的硫化物矿体或低阻地质体	用于进行大面积快速普查硫化物金属矿床、石墨矿床；水文地质、工程地质调查；黄铁矿化、石墨化岩石分布区的地质填图。如辽宁省红透山铜矿、陕西省小河口铜矿及寻找黄铁矿床方面、应用此法地质效果显著
中间梯度法（电阻率法）		探测对象应为电阻率较高的地质体	主要用于陡立、高阻的脉状地质体。如寻找和追索陡立高阻的含矿石英脉、伟晶岩脉及铬铁矿、赤铁矿等效果良好，而对陡立低阻的地质体如低阻硫化物多金属矿则无效
中间梯度装置的激发极化法	不论其电阻率与围岩差异如何均有明显反映，对其他电法难于找寻的对象应用它更能发挥其独特的优点	在寻找硫化物时石墨和黄铁矿化是主要的干扰因素，应尽量回避	主要用于寻找良导金属矿和浸染状金属矿床，尤其是用于那些电阻率与围岩没有明显差异的金属矿床和浸染状矿体，效果良好。如某地产在石英脉中的铅锌矿床及北京延庆某铜矿地质效果显著
电剖面法按装置的不同分为：			在普查勘探金属和非金属矿产以及进行水文地质、工程地质调查中应用相当广泛，并在许多地区的不同地电条件下取得了良好的地质效果
联合剖面法	其装置不好移动，工作效率低	探测对象应为陡立较薄的良导体	主要用于详查和勘探阶段，是寻找和追索陡立而薄的良导体的有效方法，如某铜镍矿床应用效果良好。当矿脉与围岩的导电性无明显差别时，利用视极化率 η_s（或 s）曲线也能取得好的效果
对称四极剖面法	对金属矿床不如中间梯度和联合剖面法的异常明显		主要用于地质填图，研究覆盖层下基岩起伏和对水文、工程地质提供有关疏松层中的电性不均匀分布特征，以及疏松层下的地质构造等。如某地用它圈定古河道取得良好的效果
偶极剖面法	主要缺点在一个矿体可出现两个异常，使曲线变得复杂		一般在各种金属矿上的异常反映相当明显，也能有效地用于地质填图划分岩石的分界面。在金属矿区，当围岩电阻率很低，电磁感应明显，而开展交流激电法普查找矿时往往采用。如我国某铜矿床用此法找到了纵向叠加的透镜状铜矿体

续表

方法种类	优 缺 点	应用条件	应用范围及地质效果
电测深法	可以了解地质断面随深度的变化，求得观测点各电性层的厚度	探测对象应为产状较平缓电阻率不同的地质体，且地形起伏不大	电阻率电测深用于成层岩石的地区，如解决比较平缓的不同电阻率地层的分布，探查油、气田和煤田地质构造，以及用于水文地质工程地质调查中。它在金属矿区侧重解决覆盖层下基岩深度变化、表土厚度等，间接找矿。而激发极化电测深主要用于金属矿区的详查工作，借以确定矿体顶部埋深以及了解矿体的空间赋存情况等。如个旧锡矿采用此法研究花岗岩体顶面起伏，进行矿产预测起到了良好找矿效果
充电法	能迅速追索矿体延伸，或连接矿体，节省探矿工程	要求：矿体至少有一小部分出露地表或被工程揭露，以便对矿体充电；矿体必须是良导电体；矿体有一定的规模，并且埋深不大。以找盲矿为主的围岩充电法其应用条件：1.存在能上地下充电的探矿工程；2.被寻找的矿体与围岩有明显的电性差异；3.被寻找的矿体有一定规模，且埋深不太大	1.用以确定已知矿体的潜伏部分之形状、产状、大小、平面位置及深度；2.确定几个已知矿体之间的连接关系；3.在已知矿体或探矿工程附近寻找盲矿体和进行地质填图 主要用于金属矿的详查和勘探阶段 如在青海某铜钴矿应用充电法的结果，无论在解决矿体延伸、矿体连接及在充电矿体附近找盲矿，都取得了良好效果
重力测量	受地形影响大，干扰因素多。但在深部构造研究上，是电法、磁法不可比拟的	探测的地质体与围岩间存在密度差才可用此法	可用此法直接找富铁矿、含铜黄铁矿；配合磁法找铬铁矿、磁铁矿；及研究地壳深部构造、划分大地构造单元、研究结晶基底的内部成分和构造，确定基岩顶面的构造起伏，确定断层位置及其分布、规模，圈定火成岩体，以达到寻找金属矿床的目的。及用于区域地质研究，普查石油、天然气有关的局部构造。此外，还可应用它找密度小的矿体。如找盐类矿床取得显著地质效果
地震法	优点：准确度高 缺点：成本高	要求地震波阻抗存在差异	主要用于解决构造地质方面的问题，在石油和煤田的普查及工程地质方面广泛应用。如在大庆油田、胜利油田的普查勘探中发挥了重要的作用

三、地球物理探矿法的图件及异常解释评价举例

例一：在内蒙古某地玄武岩上发现了极大值为 11000γ 的 Z_a 异常，由于玄武岩有磁性，因此人们起初认为该异常由玄武岩引起。但用公式 $Z_a max = 2\pi J_z$ 计算，玄武岩至多只能引起 4300γ 的异常。露头测定进一步表明，玄武岩的异常不过 $\pm 500\sim 600\gamma$。再从异常形态比较规整以及测区外围曾发现铁矿点来推断，剩余异常很可能由玄武岩下面的磁铁引起。钻探结果证实，该异常对应着一个规模较大的鞍山式铁矿（图4-14）。这个例子说明，对异常性质的判断要做过细的工作，否则就会造成较大的失误。

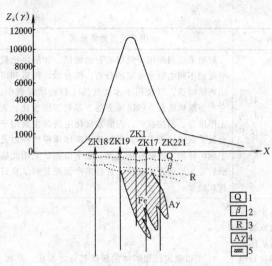

图 4-14 内蒙古某地铁矿磁异常
1—第四系；2—第三系玄武岩；3—第三系砂质黏土；4—五台群片麻岩类；5—磁铁矿体

例二：我国某热液交代型铜矿位于变质岩系分布区，地表出露为元古界大理岩、云母片岩及变粒岩。断裂发育。矿石以黄铜矿、闪锌矿、黄铁矿为主，一般呈星散状，细脉状，局部富集成斑块状。虽然本区铜矿及其矿化岩石的极化率高，但区内石墨化和黄铁矿化岩石分布比较广泛，对激电法形成了严重干扰。

图 4-15 为该区第 12 号异常的剖面曲线。η_s 值一般在 14% 以上，最高可达 26%。η_s 曲线梯度较缓，宽度约 200 多米。其 η_s 平面等值线较规则，沿走向长约 1000m。该异常位于河漫滩上，地表全为第四纪覆盖。

由于本区矿石多呈星散状或细脉状，硅化程度较高时，矿化较好。故一般矿体对应高极化率和高电阻率。而富含石墨和黄铁矿的矿化岩石，虽然极化率也高，但电阻率仅几十欧姆·米。据此推断 12 号异常为矿异常。并在 η_s 异常较高处布置了 ZK1 号钻孔，见到了多层矿体。以后又沿矿带倾斜方向布置了三个钻孔，均打到多层厚度较大的矿体，有的孔内见矿总厚度达 46m。12 号异常的见矿使整个矿区储量扩大了一倍。

例三：滇南岩盐产于白垩系上统勐野井组，密度为 $2.18g/cm^3$。上覆的第四系、第三系地层密度为 $2.07 \sim 2.24g/cm^3$；下伏的侏罗、白垩系地层密度为 $2.6 \sim 2.70g/cm^3$。岩盐与其下地层有 $0.42 \sim 0.52 \, g/cm^3$ 的密度差，是利用重力找盐的良好条件。通过比例尺为 1:100000 的重力普查工作，发现勐野井区的布格重力异常，为一近于等轴状的重力低，幅度达 -7mgal 异常。北侧重力梯度大，推测北侧含盐盆地陡，异常外围向西南和东南方向突出，反映矿体由中心向四周变薄（图 4-16）。

将重力异常与根据钻井资料绘制的岩盐视厚度图和顶板深度图对比表明，矿体等视厚度线与重力异常图形态非常相似，但岩盐厚度最大地段与负异常中心略有偏移。

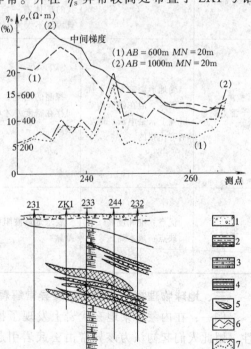

图 4-15 我国某铜矿床的综合剖面图
1—第四纪浮土；2—云母石英片岩；3—硅化石墨大理岩；4—变粒岩；5—铜矿体；6—η_s 曲线；7—ρ_s 曲线

图 4-16 勐野井布格重力异常图

根据钻井已揭示的矿层厚度及含盐盆地形态进行了重力剖面正演计算,结果如图 4-17 所示。计算理论曲线与实测曲线大体符合,尤其在岩盐厚度最大部位吻合甚好,说明引起重力异常的岩盐体已被钻井所控制。

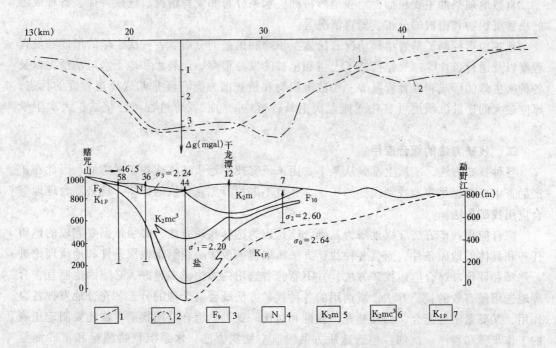

图 4-17 赌咒山—勐野江地质剖面重力正演计算结果与实测重力异常曲线对比图
1—正演计算重力异常曲线;2—实测重力异常曲线;3—断裂编号;4—上第三系;
5—白垩系上统曼岗组;6—白垩系上统勐野井组;7—白垩系下统扒沙河组

第六节　找矿方法的综合应用

各种找矿方法不仅有自己的使用条件和应用范围，而且都存在一定的局限性。因此在矿产勘查中，应根据工作地区的具体条件，选择一些行之有效的找矿方法互相配合、互相补充和互相验证，以便提高找矿效果。

一、选择找矿方法的依据

选择找矿方法，主要是依据工作区的地质条件和自然地理条件。有时找矿的任务、人员配置和仪器设备等情况，对选择找矿方法也有一定的影响。

（一）地质矿产条件

地质矿产条件主要包括：区域和矿区地质特征、矿产种类、矿床类型、矿床和矿体地质特征、矿石的物质成分和结构构造、矿石和围岩的物理化学性质以及有用组分的赋存状态等。

一定的区域地质条件，决定了区内可能存在的矿产种类及其矿床类型；不同矿产、不同矿床类型，决定了自己特有的成矿地质特征、矿体的外部形态和内部结构、矿石的物质成分和结构构造等；矿石和围岩的物理化学性质，决定了各种分散晕的形成和发育程度以及地球物理异常场的存在等。

（二）自然地理条件

自然地理条件主要包括：地貌地形特征、水系分布和发育情况、气候特征、各种成因的松散沉积物和植被的分布、发育情况等。

地貌地形控制了基岩出露情况、松散沉积物和植被的分布、各种次生晕的形成和发育程度以及通行条件等。气候控制了土壤和植被的发育程度、地表水和地下水运动情况以及各种次生晕的形成和发育程度等。松散沉积物和植被的发育程度是基岩掩盖程度的标志，厚度较大的松散沉积层可贫化或掩盖次生晕，植物的生长发育过程可强化或扩大次生晕等。

二、找矿方法的综合应用

各种找矿方法，实质上都是从某个方面来研究找矿地质条件或找矿标志的。因此在矿产勘查中，要想尽快地找到预期的矿床，并且不漏掉有工业价值的矿体，就必须合理地综合应用找矿方法。

综合应用找矿方法应以地质为基础。这是因为选择找矿方法，必须依据要完成的地质任务和具体的地质条件，而且各种找矿方法所取得的成果必须结合地质条件和地质理论进行解释和评价。综合应用找矿方法，并不意味着选用的方法越多越好，必须因地制宜，合理地选用最有效的找矿方法。所选用的各种找矿方法既要有合理的分工，充分地发挥各自作用，又要紧密地配合，相互补充，验证和对比。此外，综合应用找矿方法还要制定正确的工作步骤和程序。例如：遥感地质方法、航空物探方法，水系沉积物测量和重砂测量等，不仅具有效率高、受地形和通行条件限制较少，并且能够较快地圈出成矿远景区等优点。一般来说，这些方法都是在矿产勘查初期，先于其他方法在全区内开展工作。各种地面物化探方法、工程揭露法等，虽然具有较高的精度，但是工作效率相对较低，所受限制条件也较多，故这些方法多用于已知的成矿远景区，以便直接发现矿床和圈定矿体。

思 考 题

4-1 在河流的哪些地方重砂矿物最容易富集？怎样判断重砂矿物迁移的远近？

4-2 各类坑探工程的应用条件和作用有哪些？

4-3 利用探矿工程能解决哪些地质矿产问题？

4-4 选择找矿方法时要考虑哪些因素？

4-5 综合应用找矿方法有什么好处，且应注意哪些问题？

第五章 矿床勘探

第一节 概　　述

一、矿床勘探的概念、目的、任务

矿床勘探是在矿产详查评价基础上，利用各种有效的技术手段和方法查明矿床工业价值及地质、经济技术条件所做的各项工作。主要包括矿床勘探地区的选择、矿床勘探设计的编制、矿床勘探施工及矿床勘探报告的编写。

矿床勘探的目的是对矿床进行工业评价，为了达到这一目的需要完成如下几项任务：

1. 探明矿石的数量、质量及空间分布；
2. 进一步查明矿床地质条件，矿体的形状、产状及赋存规律；
3. 查明矿床开采的技术条件，为矿山设计提供各种基础资料。

矿床勘探是一项探索性很强的工作，所面临的情况复杂多变。需要遵循客观规律，全面、深入、综合地进行研究，以便为矿山建设提供客观、有用的各种资料。

二、矿床勘探工作的内容与程序

矿床勘探工作内容较多，按其先后次序（程序）主要有以下几方面：

（一）矿床勘探地区的选择

矿床勘探地区应在矿产详查评价的基础上，根据经济建设和社会发展需要，选择其中经济合理、易于开采的矿区进行勘探。要把国家建设需要和矿床的地质条件及开采的技术经济条件结合起来，以提高矿床勘探工作的经济效果。

（二）矿床勘探设计的编制

矿床勘探设计包括矿床勘探设计说明书和各种附图。设计说明书包括设计的指导思想、目的任务、设计的地质依据、各项工作的布置和工作量、施工顺序、技术经济指标和主要技术措施，所需人力、物力、财力概算及预期工作成果等内容。附图主要包括矿床地质图、勘探工程布置图、勘探设计剖面图等。

矿床勘探设计的编写要以上级下达的任务为依据，在充分研究被勘探矿区成矿地质条件、矿床地质特征的基础上，合理有效地选择勘探方法，使所编写的设计有充分的地质依据，使各项工作部署得当、彼此紧密配合。

（三）勘探施工

勘探施工是在矿床勘探设计基础上，按照设计布置的各项工作组织实施。其工作内容主要有矿区大比例尺地质测量、地形测量、物化探工作、各种探矿工程的施工、水文地质及工程地质工作、各种样品的采集、各种探矿工程的编录、阶段性储量计算、矿床开采地质条件和矿石技术条件的研究等。

（四）矿床勘探报告的编写

矿床勘探报告是对矿床地质研究及矿床勘探成果的总结，是矿山建设的依据。矿床勘探报告包括文字说明部分及附表和附图。文字说明包括前言、矿区地质、矿床勘探工作、水文地质、矿床开采技术条件和矿石加工特性、储量计算及结论等内容。附表及附图主要有储量计算表、样品分析登记表、矿区地质图、矿床勘探剖面图等。

三、矿床勘探工作阶段的划分

矿床勘探是一个逐步进行的过程，为了提高矿床工作的成效、避免盲目勘探或建设，必须依据地质条件、对矿床的研究和控制程度以及采用的方法、手段，将矿床勘探工作划分为若干阶段，称为矿床的勘探阶段。

矿床的勘探阶段一般可分为初步勘探阶段、详细勘探阶段和开发勘探阶段。

（一）初步勘探阶段

初步勘探阶段是矿床勘探的第一阶段。其主要任务是：初步查明矿床的赋存条件、矿体的规模大小、矿产的质和量，以及矿床开采和利用的技术条件，对矿床做出初步工业评价，为确定详细勘探地段和矿山设计提供依据。

初步勘探阶段的主要工作是通过矿区大比例尺地质测量，利用探槽、浅井、浅钻等工程，并配合物化探对矿床进行地表地质研究，揭露、追索和圈定矿体；并用稀疏的钻探或坑探对矿体变化情况作大致了解，计算矿床初级储量。

（二）详细勘探阶段

在初步勘探基础上对国家计划建设和开采的矿床进行比较全面、深入的调查研究工作，其目的在于对矿床做出工业评价，为矿山建设提供必须的矿产储量和地质、技术、经济资料。

详细勘探阶段的主要任务是查明矿山建设范围内矿体总的分布情况、矿体的形状、产状、内部结构、矿石的物质成分和加工技术性能、研究和评价可供综合开采利用的共生矿产或伴生有用成分、研究矿床的水文地质条件和开采条件，为矿山建设提供资料。

详细勘探阶段的主要工作是通过钻探和坑探等勘探工作，对矿体进行详细的深部揭露与研究，采集必要样品深入研究矿石质量和加工技术特性；绘制各种勘探工程剖面图和平面图，比较精确地计算矿产储量，进行水文地质观察和试验，研究水文地质条件；研究矿床开采条件，对矿床进行综合评价，编写矿床勘探报告。

（三）开发勘探阶段

开发勘探是为矿山建设的顺利进行和矿山持续、正常生产以及合理开发和充分利用矿产资源全面进行的深入研究和探矿工作。

开发勘探阶段的主要任务是为矿山建设和采矿提供更加准确、可靠的地质资料及矿产储量，探明过去尚未发现的隐伏矿体，扩大矿床储量、延长矿山寿命。

开发勘探阶段所进行的工作基本类似于详细勘探阶段，其重点是为生产提供足够数量的矿产储量。

矿床勘探阶段的划分阶段是相对的，有时并无明显界线。如对一些地质构造简单、工业价值和开采利用条件易于查明的矿床，为了加快勘探速度可将初步勘探和详细勘探结合起来；而对某些地质构造复杂、规模小的矿床则可进行边探边采、探采结合。

在矿床勘探的三个阶段中，一般前两个阶段由地质部门进行，习惯上称为"地质勘探"或称为"矿床勘探"；后一阶段一般由矿山部门进行，常称为"矿山勘探"。

四、矿床勘探的原则

为了搞好矿床勘探，取得更好的地质经济效果，在矿床勘探中需要遵循如下原则：

（一）理论与实践相结合的原则

由于矿床本身的形成过程复杂多变、影响因素较多，因此在矿床勘探中既要注重在一定理论指导下开展矿床勘探，又要从所勘探矿床实际出发。没有理论指导的矿床勘探就会走很多弯路，只照搬理论不顾实际情况同样不能取得好的勘探效果。因此只有在理论指导下，从矿床实际出发才能使各项勘探工作符合客观规律，取得良好的勘探效果，否则就会造成损失。

（二）循序渐进原则

矿床勘探是一项探索性很强的工作，因此必须按照循序渐进的原则进行，由表及里、由浅入深、由粗到细、由已知到未知逐步开展。矿床勘探阶段的划分正是体现了这一原则。

在矿床勘探中遵循这一原则是为了提高矿床勘探工作的成效，避免进行盲目勘探和施工造成的损失。但也不能机械套用，要根据实际情况灵活加以应用。

（三）全面研究、综合评价的原则

全面研究是指在矿床勘探进程中尽可能收集各方面资料。对矿床地质条件，矿体形状、产状、内部结构，矿石质量、数量和选冶性能，开采条件和水文地质条件进行全面研究，以便为矿山建设服务提供全面资料。

综合评价是指在矿床勘探过程中要综合评价各种有用组分的工业价值。因为在大多数矿床中不只存在一种有用组分，往往有若干有用组分。如果对这些伴生和共生的有益组分不进行综合评价则有可能造成损失和浪费，反之则可能取得巨大效益。如加拿大马尼托巴伟晶岩矿床，原来作为锡矿勘探、开采。后来进行综合评价发现此矿床是一个巨大的钽、铍、铯多种有色金属矿床，使加拿大由一个缺钽国家成为著名的钽生产国。又如我国浙江东部一铅锌矿床，由于铅锌含量不高，其经济效益不好。后来经综合评价发现其中银含量很高，使之成为一大型铅锌银矿床。从国内外很多矿床勘探经验来看，综合评价可以明显降低矿床勘探成本，提高经济效益，缩短勘探周期。

（四）经济合理原则

在矿床勘探中投入的工程量越多，所获得的资料越多。但是随着工程量的增加，其勘探成本也愈高、周期愈长。因此在矿床勘探中要根据国家建设需要，从矿床的地质、开采条件出发选择合理的勘探手段和方法，提高各项工作效率、降低勘探成本。在保证必要的勘探程度前提下，力求用最合理的方法和最少的人力、物力，取得最好的成果和经济效益。这就是经济合理原则。

第二节 储量分级、勘探程度与勘探深度

一、矿产储量分级

矿产储量，简称储量或矿量，是指有用组分或矿石在地下的埋藏量。矿产储量是矿床勘探的主要成果之一，也是制定国民经济计划、进行矿山建设和生产的重要依据。

（一）储量分级的意义

在矿床勘探过程中，人们对矿床的研究和认识是随着勘探工程控制的程度而逐步深入的，不同类型的矿床、不同勘探阶段、工程的控制程度不同，所计算的矿产储量的可靠程度不同，提供资料的作用也不同。因此有必要将矿产储量按其控制和可靠程度分为不同的等级，称为矿产储量分级。

矿产储量的分级对储量的计算、审批和利用，更加合理地做好矿床勘探工作，明确各级储量的工业用途都有重要意义。

（二）储量分级的依据

储量分级的主要依据是储量的可靠程度及其相应的工业用途。具体包括以下几个方面：

1. 矿体的形状、产状和空间位置的控制与研究程度。
2. 矿石质量和数量的控制与研究程度。
3. 影响矿体的地质构造的控制与研究程度。

这些问题的控制与研究程度取决于探矿工程的种类、间距、施工质量及地质研究程度。

（三）矿产储量分级

根据经济技术条件和远景发展需要，根据《固体矿产地质勘探规范总则》（1992年）一般将矿产分为能利用储量和暂不能利用储量。

1. 能利用储量　一般也称为表内储量，是指在当前经济技术条件下能开采利用的储量。根据储量的控制程度和工业用途，将矿产储量分为A、B、C、D四个等级。

A级储量是指用做矿山编制采掘计划的储量，由矿山部门探求。要求比较准确地控制矿体形状、产状和空间位置，矿石的工业类型和品级及其变化规律。

B级储量是矿山建设依据的储量，是地质勘探阶段的高级储量。要求比较详细地控制矿体的形状、产状和空间位置以及矿石品级及变化规律。

C级储量是矿山建设初步设计依据的储量。要求基本控制矿体的形状、产状和空间位置，基本确定矿石工业类型和品级及其变化规律。

D级储量是作为矿山远景规划依据的储量，也是进一步布置矿床勘探工作的依据，部分复杂矿床的D级储量也可作为矿山设计的依据。要求大致控制矿体的形状、产状和分布范围，大致确定矿石工业类型及品级。

2. 暂不能利用储量　一般称为表外储量，是指在当前经济技术条件下还不能利用的矿产资源。

为了适应市场经济的需要，更好地与国际接轨，在综合考虑经济、可行性和地质可靠程度的基础上，采用符合国际惯例的分类原则。我国于1999年颁布的《固体矿产资源/储量分类》（GB/T 17766—1999）对矿产储量重新进行了分类。

（1）分类依据：矿产资源经过矿产勘查可获得的不同地质可靠程度和经相应的可行性评价可获不同的经济意义，是固体矿产资源/储量分类的主要依据。据此，固体矿产资源/储量可分为储量、基础储量、资源量三大类十六种类型（表5-1）。

（2）分类：

1）储量：是指基础储量中的经济可采部分。

2）基础储量：是查明矿产资源的一部分。它能满足现行采矿和生产所需的指标要求

(包括品位、质量、厚度、开采技术条件等)。

3) 资源量：是指查明矿产资源的一部分和潜在矿产资源。

固体矿产资源/储量分类 表 5-1（a）

分类 类型 经济意义	地质可靠程度	查明矿产资源			潜在矿产资源
		探明的	控制的	推断的	预测的
经济的		可采储量（111）			
		基础储量（111b）			
		预可采储量（121）	预可采储量（122）		
		基础储量（121b）	基础储量（122b）		
边际经济的		基础储量（2M11）			
		基础储量（2M21）	基础储量（2M22）		
次边际经济的		资源量（2S11）			
		资源量（2S21）	资源量（2S22）		
内蕴经济的		资源量（331）	资源量（332）	资源量（333）	资源量（314）？

说明：表中所用编码（111~334），

第 1 位数表示经济意义：1——经济的；2M——边际经济的；2S——次边际经济的；3——内蕴经济的；？——经济意义未定的。

第 2 位数表示可行性评价阶段：1——可行性研究；2——预可行性研究；3——概略研究。

第 3 位数表示地质可靠程度：1——探明的；2——控制的；3——推断的；4——预测的；b——未扣除设计、采矿损失的基础储量。

矿产资源储量套改表 表 5-1（b）

储量种类	地质研究程度		套改编码	归类编码	储量种类	地质研究程度		套改编码	归类编码
	储量级别	勘查阶段				储量级别	勘查阶段		
1. 正在开采、基建矿区的单一、主要矿产储量及其已（能）综合回收利用的共、伴生矿产储量以及因国家宏观经济政策调整而停采的矿产储量	A+B	勘探	111	111	3. 因经济效益差、矿产品无销路、污染环境等而停建、停采，将来技术、经济及污染等条件改善后可能再建再采的矿区单一、主要矿产储量及其已（能）综合回收的共、伴生矿产储量	A+B	勘探详查	2M11	2M11
			111b	111b		C		(2M12)	2M22
	C	勘探	(112)	111				(2M13)	2M22
			(112b)	111b		D	普查	(2M13)	333
		详查	(112)	122					
			(112b)	122b					
	D	勘探、详查、普查	(113)	122					
			(113b)	122b	4. 因交通或供水或供电等矿山建设的外部经济条件差确定为近期难以利用、近期不宜进一步工作，但改善经济条件后即能利用的矿区的单一、主要矿产储量及其可综合回收的共、伴生矿产储量	A+B	勘探详查	2M21	2M21
			333	333		C		2M22	2M22
2. 计划近期利用，推荐近期利用、可供边探边采矿区单一、主要矿产储量及其综合回收利用的共、伴生矿产储量及 1993 年 10 月 1 日以后提交的勘探报告中属能利用（表内）a 亚类矿产储量	A+B	勘探详查普查	121	121				(2M23)	2M22
			121b	121b					
	C		122	122		D	普查	(2M23)	333
			122b	122b					
	D		(123)	122					
			(123b)	122b					
			333	333					

续表

储量种类	地质研究程度		套改编码	归类编码	储量种类	地质研究程度		套改编码	归类编码
	储量级别	勘查阶段				储量级别	勘查阶段		
5.由于有用组分含量低、或有害组分含量高、或矿层（煤层）薄、或矿体埋藏深、或矿床水文地质条件复杂等而停建、停采的矿区的单一、主要矿产储量及其已（能）及未（不能）综合回收利用的共、伴生矿产储量及闭坑矿区储量	A+B	勘探详查普查	2S11	2S11	6.由于有用组分含量低、或有害组分含量高、或矿层（煤层）薄、或矿体埋藏深、或矿床水文地质条件复杂等确定为近期难以利用和近期不宜工作矿区的单一、主要矿产储量及其共、伴生矿产的储量，及表外矿	A+B	勘探详查普查	2S21	2S21
	C		(2S12)	2S22		C		2S22	2S22
	D		(2S13)	2S22		D		(2S23)	2S22
					7.未能按上述要求确定编码的矿产储量	A+B	勘探详查普查	331	331
						C		332	332
						D		333	333

二、矿床勘探程度

矿床勘探程度是指对矿床的地质和开采加工技术性能研究的详细程度。具体包括：对矿床成矿地质条件、矿体分布规律和矿体边界、矿体外部形态和内部结构、矿石的物质成分和技术加工性能、共生矿产及伴生有益组分、矿床开采技术条件及水文地质条件等方面的勘探和研究程度。在矿床勘探中矿床勘探程度表现为已经探明储量的级别、比例和分布情况。一般而言，在矿床地质勘探中 B 级储量越多、比例越大，说明矿床的勘探程度越高，反之表外储量越多、表内储量越少，则说明矿床勘探程度低。

合理的勘探程度主要决定于矿产的急需程度、矿床地质条件的复杂程度、勘探工程的投入程度以及矿区自然经济、地理条件等综合因素。如果勘探程度确定过高，不仅会超出矿山建设对地质资料和矿产储量的需要，而且勘探技术水平也可能达不到、经济上也不合理，还可能延长勘探时间、推迟矿山建设。反之如果勘探程度定得过低，又不能满足矿山建设需要，还有可能造成矿山设计方案产生错误、造成重大损失。因此矿床勘探程度既要满足矿山建设需要，又不能脱离矿床实际进行过高或过低程度的勘探。

三、矿床勘探深度

矿床勘探深度是指矿床勘探后作为矿山建设设计依据的矿产储量的分布深度。一般指矿体最高标高至地下的垂直距离。目前矿床的勘探深度多在 400～600m 以内，矿体规模越大，矿石品质越好，矿床的勘探深度则可适当加大，反之则宜浅。同一矿体或同一矿区的勘探深度应控制在大致相同的水平标高，以便合理确定开采标高。矿床的勘探深度是衡量矿床勘探程度的因素之一。

合理的勘探深度取决于国家对矿产的需要程度、当前的开采技术和经济水平、未来矿山建设生产的规模、服务年限和逐年开采的下降深度以及矿床的地质特征等。一般对矿体延深不大的矿床最好一次勘探完毕，对矿体延深很大的矿床勘探深度应与未来矿山首期开采深度一致，在此深度以下可打少量深孔控制其远景，为矿山总体规划设计提供资料。

第三节 矿床勘探类型

一、矿床勘探类型的概念及划分依据

（一）矿床勘探类型的概念

在研究和总结以往矿床勘探经验基础上，根据影响矿床勘探难易程度的主要因素（如矿体规模及复杂程度等）对矿床所进行的分类称为矿床的勘探类型。矿床的勘探类型既不同于矿床的成因类型、也不同于矿床的工业类型，它是一定时期矿床勘探经验的总结，在一定程度上可作为类似矿床勘探工作的借鉴，如在确定矿床勘探方法、探矿工程密度、勘探程度等方面进行参考。所以研究和划分矿床勘探类型是矿床勘探的重要内容之一。

（二）矿床勘探类型划分的因素

矿床勘探类型划分的因素很多，涉及地质、勘探、水文地质条件等多方面。但主要是矿体的规模大小以及矿体形状、产状、有用组分及其变化程度、地质构造的复杂程度。因此矿床勘探类型划分的主要依据包括以下几个方面：

1. 矿体规模大小　矿体规模大小是影响矿床勘探类型最主要的因素。一般情况下矿体规模越大，形态越简单，越容易进行勘探；反之越难勘探。规模大、形态简单的矿体（如层状矿体）用较稀的探矿工程即可控制，而规模小、形态复杂的矿体要使用较密的探矿工程才能控制。

应当注意矿体规模与矿床规模之间的区别与联系，矿床规模是以矿床中有用组分的储量为依据，主要侧重经济意义，一个矿床可以由一个或多个矿体组成。矿体规模是指矿体的空间大小，侧重于矿体的几何意义。矿体规模没有明确的划分标准，不同矿种有所不同。一般而言，延长及延深超过 1000m，厚度数十米的矿体可称为大矿体，而延长及延深小于 100～200m，厚度不超过数米的矿体称为小矿体。

2. 矿体中有用组分的分布均匀程度　有用组分的分布均匀程度也可称为矿石品位的变化程度，常用变化系数（V_c）表示，根据变化系数可将有用组分的分布均匀程度分为四类：

均匀分布　　　　　　$V_c < 40\%$

较不均匀分布　　　　$V_c = 40\% \sim 100\%$

不均匀分布　　　　　$V_c = 100\% \sim 150\%$

很不均匀分布　　　　$V_c > 150\%$

变化系数在经济学中可称为变异系数，可通过下列公式计算：

$$V_c = \frac{\delta_c}{C} \tag{5-1}$$

式中　V_c——变化系数；

　　　δ_c——品位均方差；　　$\delta_c = \sqrt{\dfrac{\sum_{i=1}^{n}(C_i - C)^2}{n}}$ 　　(5-2)

　　　C——矿石品位算术平均值；

　　　C_i——某一样品的矿石品位；

　　　n——参加计算品位的样品数。

一般情况下变化系数越大，表示有用组分含量的变化程度越大，矿床勘探难度越大。因此可利用品位变化系数确定矿床的勘探类型，为合理进行矿床勘探提供依据。

3. 矿化连续程度　是指有用组分分布的连续程度。一般情况下，矿化连续的矿体比矿化不连续的矿体更易于勘探。矿化的连续程度可用含矿率（K_p）表示。

$$K_p = \frac{l}{L} \text{ 或 } K_p = \frac{s}{S} \text{ 或 } K_p = \frac{v}{V} \tag{5-3}$$

式中，l、s、v 分别为矿体中可采部分的长度、面积、体积，L、S、V 分别为矿体的总长度、总面积、总体积。

根据矿化系数可将矿化分为以下几种：

连续矿化　　　　$K_p = 1$
微间断矿化　　　$K_p = 1 \sim 0.7$
间断矿化　　　　$K_p = 0.7 \sim 0.4$
不连续矿化　　　$K_p < 0.4$

4. 矿体形态、产状及地质构造复杂程度　是影响矿床勘探难易程度的基本因素，对矿山建设设计、生产起着重要作用。

矿体形态简单、产状变化小勘探就比较容易，反之矿体形态复杂、产状变化大就不容易勘探。矿体的产状还影响勘探方法、勘探工程间距等方面。

矿区地质构造影响矿体的形状、产状，特别是成矿后的地质构造对矿床勘探有很大影响，如成矿后断裂往往会破坏矿体的连续性，增加了矿床勘探的难度。所以地质构造的复杂程度也是影响确定矿床勘探类型的因素之一。

二、矿床勘探类型的划分

根据矿床勘探类型的划分依据，结合矿床勘探的实践经验，地质主管部门颁布了部分矿床的勘探类型，现将几种矿床的勘探类型列表如下（表 5-2～表 5-5）。

（一）铁矿床的勘探类型

铁矿床勘探类型　　　　　　表 5-2

勘探类型	矿体特征	实例
Ⅰ	矿体分布范围广，长达数千米以上，呈层状、似层状，厚度、产状和矿石质量稳定，构造简单到较简单。有的矿体中有少量夹层	本溪南芬、鞍山王家堡子等受变质沉积铁矿床；河北庞家堡海（湖）盆地沉积铁矿床等
Ⅱ	矿体沿走向长达 1km 以上，矿体形状较规则，常为层状、似层状或大型透镜体状，厚度、产状和矿石质量较稳定，构造较简单；或规模巨大，但受后期断层、岩脉切割穿插的矿体。矿体中常见夹层	河北迁安水厂、山西尖山和四川攀枝花等钒钛磁铁矿；江苏梅山、广东连平大顶、安徽凹山等接触交代型和与火山一侵入活动有关的铁矿床；内蒙古白云鄂博、海南石碌等铁矿床
Ⅲ	矿体规模一般为中型，形状不够规则，常呈似层状、透镜状和扁豆状，厚度、产状变化较大，矿石质量不够稳定，矿床构造中等或较复杂，矿体中夹层或包体较多	湖北大冶铁山、山东金岭铁山，河北邯邢的矿山村、玉泉岭、西石门，安徽马鞍山的姑山等铁矿床
Ⅳ	矿体规模小，形状复杂，一般呈中小型的透镜状、脉状、囊状、扁豆状和不规则状，厚度、产状变化大，矿石质量不够稳定。矿体多不连续，常组成矿体群	河北大庙、邯邢符山、江苏凤凰山、安徽马鞍山的大东山、吉林大栗子等铁矿床

(二）铜矿床的勘探类型

铜矿床勘探类型　　　　　　　　　　　　　　　　　　　　　　　表 5-3

勘探类型	矿 床 特 征	实 例
Ⅰ	规模巨大，形态简单，厚度稳定至较稳定，主要组分分布均匀至较均匀的层状、巨大透镜状矿体	江西德兴铜厂斑岩铜矿
Ⅱ	规模大到巨大，形态简单至较简单，厚度较稳定，主要组分分布较均匀的似层状、大透镜状矿体	云南易门狮山变质岩层状铜矿
Ⅲ	规模中等到大，形态较简单至复杂，厚度较稳定至不稳定，主要组分分布均匀至不均匀的似层状、透镜状、脉状矿体	甘肃白银厂火山岩黄铁矿型铜矿
Ⅳ	规模小到中等，形态复杂至很复杂，厚度较稳定至不稳定，主要组分分布较均匀至不均匀的透镜状、脉状、扁豆状、囊状矿体	安徽狮子山矽卡岩型铜矿
Ⅴ	规模小，形态很复杂，厚度较稳定至很不稳定，主要组分分布较均匀至很不均匀的小透镜状、小囊状、小扁豆状、筒状矿体	辽宁华铜矽卡岩型铜矿

（三）磷矿床的勘探类型

磷矿床勘探类型　　　　　　　　　　　　　　　　　　　　　　　表 5-4

勘探类型	矿 床 特 征
Ⅰ	矿层稳定，矿区（段）构造简单的大、中型沉积磷块岩矿床。其规模沿走向一般长达数至数十千米，沿倾向可达近千米至数千米
Ⅱ	矿层较稳定、矿区（段）构造简单，或矿层稳定、构造中等的沉积磷块岩矿床。其规模沿走向一般长达数千米至数十千米，沿倾向可达近千米至数千米
Ⅲ	矿层（体）较稳定、矿区（段）构造中等，或矿层（体）不稳定、构造简单的沉积磷块岩和沉积变质磷灰岩矿床；或部分呈似层状产出的正变质磷灰石岩矿床。矿层（体）沿走向长一般在千米至数千米，沿倾向为数百米至近千米
Ⅳ	矿层不稳定、矿区（段）构造中等，或矿层（体）较稳定、构造复杂的各种成因类型的矿床，矿层（体）沿走向长数百至千余米，沿倾向常为数百米
Ⅴ	矿体不稳定、构造复杂，或矿体不稳定至极不稳定、构造简单至中等的岩浆型及其他成因类型矿床。矿体规模小，沿走向和倾向一般均为数百至数十米

（四）煤矿床的勘探类型

煤矿床勘探类型 * 表 5-5

勘探类型	矿 床 特 征
Ⅰ	构造简单,煤系地层沿走向及倾向产状变化不大,断层稀少,且对煤层影响很小,没有或者很少受岩浆岩影响
Ⅱ	构造中等,煤系地层沿走向倾向产状有一定变化,断层较发育,有时受岩浆岩侵入的影响
Ⅲ	构造复杂,煤系地层沿走向、倾向产状变化很大,断层发育,有时受岩浆岩的严重影响
Ⅳ	构造极复杂,煤系地层产状变化极大,断层极发育,有时受岩浆岩严重破坏

* 本类型系按构造复杂程度而分。

三、确定矿床勘探类型的方法

矿床勘探类型的划分是为了指导新矿区的矿床勘探。对新矿区而言,属于哪一种勘探类型,这就需要根据矿产详查资料采用类比的方法加以确定。但是在类比确定矿床勘探类型时要注意以下几个方面:

1. 矿床勘探类型是前人对矿床勘探工作的总结,只能为类似矿床勘探提供参考和借鉴。在矿床勘探中应加强对所勘探矿床自身地质特征和变化规律的研究,从实际出发进行有效勘探。

2. 在确定矿床勘探类型过程中,各种因素既互相联系、又互相区别,因此既要分析各种因素,又要抓住主要因素,以地质特征为基础、参考某些变化系数来确定矿床的勘探类型。

3. 在确定矿床类型过程中会出现一个矿床由多个矿体组成的情况,有时一部分矿体属于一种勘探类型,而另外一些矿体则属于另外一种勘探类型,在此情况下应分清主次。如果主要矿体和次要矿体在同一地段重叠,则以主要矿体为主;若主要矿体和次要矿体分属不同地段,可单独构成系统,则主要矿体和次要矿体分别确定矿床勘探类型。

4. 确定矿床勘探类型的过程是人们对矿床认识逐渐深化的过程,在矿床勘探过程中必须及时研究所获得的资料,并试验、检查所确定的矿床勘探类型是否合适,从而修正初期的结论,如果不注意研究所确定的矿床勘探类型是否符合客观情况,对勘探工作将会带来难以挽回的损失。

第四节 探矿工程的布置

一、探矿工程及其选择

(一) 探矿工程

对矿床进行勘探必须通过一定的技术手段,包括钻探、坑探、物化探等,这些技术手段常称为探矿工程。钻探是矿床勘探时使用最广的一种技术手段,主要用于追索和圈定矿体,了解矿体与围岩的埋藏条件及矿石质量,目前广泛使用岩芯钻。坑探是指用掘进方式挖掘坑道来揭露、观察和研究矿体,并采集样品;坑探所用的坑道包括水平坑道、垂直坑道、倾斜坑道及剥土、浅井及探槽等。物化探是利用矿体与围岩的物理性质及化学成分差异来研究矿体,在一定条件下使用物化探配合地质工作可以大大提高勘探工作质量,加快勘探速度,降低勘探成本。在这几种勘探工程中,坑探、钻探所花费的人力、物力、时间和经费远远超过地质、物化探。因此合理选择和布置勘探工程是矿床勘探的重要环节。

（二）探矿工程的选择

合理选择探矿工程可以从以下几方面考虑：

1. **根据勘探任务选择探矿工程** 在初步勘探阶段以地质、物化探以及浅井、探槽等探矿工程为主，对矿体深部追索一般采用少量钻探工程。而在详细勘探阶段往往以钻探和坑探工程为主，配合物化探及其他工作。

2. **根据地质条件选择探矿工程** 一般矿体规模大、矿体形态简单、有用组分分布均匀，矿床构造简单，矿体没有大的错断、缺失现象用钻探工程即可正确圈定矿体。如果矿体规模小、形态复杂，则需采用钻探与坑探相结合或用坑探工程才能圈定矿体。

3. **根据地形条件选择探矿工程** 地形切割强烈地区的矿床有利于使用水平坑道勘探。而地形平缓地区的矿床则利用钻探工程更好，如果矿体形态复杂，矿化不够均匀，所需储量级别又高，则可利用垂直坑道或倾斜坑道工程勘探。

4. **根据矿区自然条件选择勘探工程** 如高山区搬运钻机困难，可利用坑探工程探矿。严重缺乏水时也只好采用坑探。反之地下水涌水量很大的矿区，只能利用钻探工程探矿。

二、探矿工程的布置原则

矿床勘探的目的是为了追索和圈定矿产详查中所发现的矿体，从而确定它们的形状、产状和分布情况，以及它们的质量和数量。为了达到上述目的，探矿工程的布置需要遵循以下原则：

1. 探矿工程必须按一定的间距，由浅入深、由已知到未知，由稀而密的布置，并尽量使各工程间互相联系，以便获得各种参数和绘制勘探剖面图。

2. 探矿工程应尽量垂直矿体或矿带走向布置，以保证沿厚度方向揭穿整个矿体或矿带。

3. 布置探矿工程时要充分利用原有工程，以节约勘探费用和时间。

4. 采用平硐、竖井等坑探工程进行勘探，则应使探矿坑道尽可能为将来开采时所利用。

三、探矿工程的总体布置

探矿工程的总体布置是指在探矿工程布置原则指导下，将所选择的探矿工程按一定方式在所勘探矿床中进行布置的形式。为了使矿床勘探的总体布置能反映地质成果，满足矿山建设需要，常采用一系列相互平行的剖面系统。其基本形式有如下三种：

（一）勘探线

将探矿工程布置在一组与矿体走向垂直的剖面内，从而构成一组相互平行的直线称为勘探线（如图5-1）。

勘探线是目前矿床勘探中应用最广的一种探矿工程总体布置形式。适用于产状清楚、缓倾斜的脉状、层状、似层状及透镜状等矿体的勘探。此外勘探线形式还不受探矿工程种类限制，除钻探外槽探、井探等都可布置在勘探线上（如图5-2）。

在布置勘探线时应注意：

1. 勘探线通常垂直矿体走向或基本垂直矿体走向布置，当矿体走向有显著改变时（如走向大于20°），可分区、分段布置。

2. 同一矿床勘探线的间距应基本一致。若矿体形态、矿石品位变化较大时也可不一致。

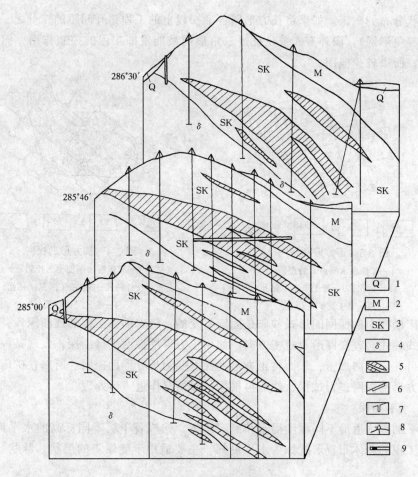

图 5-1 勘探线示意图

1—第四系；2—震旦系变质灰岩；3—矽卡岩；4—闪长岩；5—矿体；6—探槽；7—浅井；8—钻孔；9—检查坑道

3．为便于综合作图，同一勘探线上的工程，应尽可能保持在该铅直剖面内，如果限于地形、地物等影响施工时，在地质精度许可下也可适当地移动。

（二）勘探网

将勘探工程布置在两组不同方向勘探线的交点上组成网状的勘探工程总体布置形式称为勘探网。勘探网多用于产状水平或缓倾斜的层状、似层状及大型网状矿体的勘探。可获得 2~4 组不同方向的勘探剖面，便于揭示矿体在纵横两个方向的变化情况。勘探网上勘探工程的布置受到一定限制，只适用于垂直的勘探工程，如直孔钻、浅井等，当用斜钻孔勘探时不能构成勘探网。

常用的勘探网形式有正方形网、长方形网及菱形网（如图 5-3~图 5-4）。

正方形网常用于矿体平面大致为等轴状，矿石品位无明显方向性变化的矿体；长方形网常用于产状较平

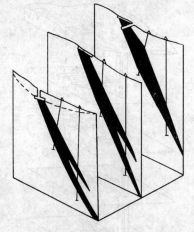

图 5-2 按照勘探线布置工程立体示意图

1—探槽；2—带叉子的浅井；3—小斜井；4—钻孔；5—矿体

缓，呈条状分布的矿床。如果将长方形网各勘探线上的工程错开间距的二分之一则成为菱形网（或三角形网）。国外有人曾论证过三角形网最能发挥工程的控制作用，但由于所受限制较多，所以较少应用。

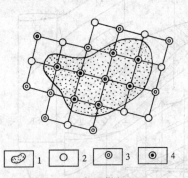

图5-3　正方形勘探网
1—矿体在水平面上的投影；
2—设计钻孔；3—施工未见矿钻孔；
4—施工见矿钻孔

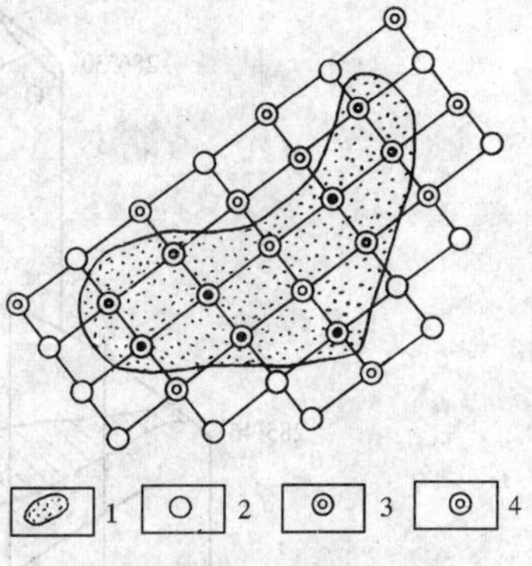

图5-4　长方形勘探网
1—矿体在水平面上的投影；
2—设计钻孔；3—施工未见矿钻孔；
4—施工见矿钻孔

在矿床勘探中勘探网的形式并非是固定不变的，随着勘探工作的逐渐深入，采用不同的加密方式往往会改变网形及疏密方向。如用正方形勘探网进行勘探，发现某一方向变化较大时则可在该方向加密，从而将正方形勘探网变为长方形勘探网。所以在矿床勘探初期常采用正方形勘探网进行试探，然后再根据试探情况作进一步处理。

（三）水平勘探

用水平勘探坑道沿不同深度揭露和圈定矿体，构成若干层不同标高的水平勘探剖面。这种勘探工程的总体布置形式称为水平勘探。主要适用于陡倾斜的层状、脉状、透镜状、筒状矿体。

水平勘探坑道的布置应随地形而异。当地面比较平坦时，通常在矿体下盘开凿竖井，然后从不同深度开凿石门、沿脉、穿脉等坑道（如图5-5）。当地形陡峭时可利用山坡从不同高度开凿平硐，在平硐中再开掘沿脉、穿脉等坑道以揭露和圈定矿体。水平勘探也可以与勘探线、勘探网配合使用。如水平勘探与钻探配合在铅直方向也构成成组的勘探剖面时，则成为水平勘探与勘探线相结合的工程布置形式。

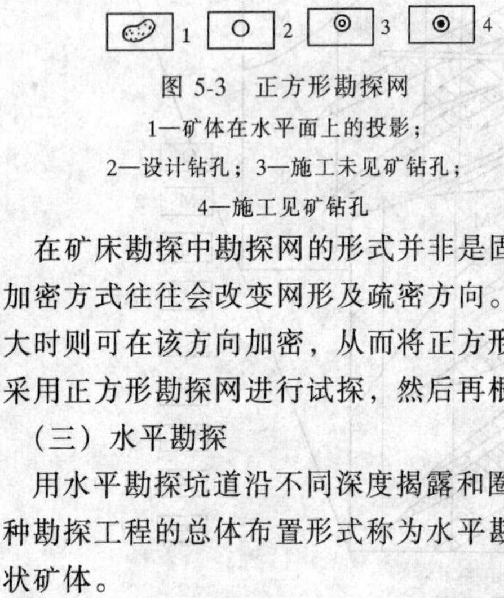

四、探矿工程的间距

探矿工程的间距是指探矿工程之间的水平距离。常用"勘探网度"表示，如勘探网度100m×50m，是指勘探工程沿矿体走向的距离为100m，沿矿体倾斜方向的距离为50m，当矿体倾角较大时也可表示为斜距50m。合理的勘探网度决定于矿体的规模、形态和产状的变化程度，矿体内部结构，地质构造的复杂程度和

图5-5　水平勘探筒状矿体
1—矿体；2—探槽；3—竖井；4—沿脉与穿脉坑道

预期探明储量的精度要求，勘探工程的类型。

在矿床勘探中确定工程间距的方法主要有以下两种：

(一) 类比法

类比法是根据类似矿床的勘探经验确定勘探工程的网度。类比时主要从成矿地质条件、矿床地质特征等方面进行。类比法常用于矿床勘探初期。这种方法只是一种推理，是否符合所勘探矿床实际，还需要根据勘探过程中得到的资料验证。要根据新的资料对所确定的勘探网度进行修正，防止生搬硬套。

为了统一类比标准，全国储量委员会曾颁布各种矿产不同勘探类型矿床探明各级储量所用勘探工程间距。现以铁、铜、磷、煤矿床为例将其勘探工程间距列表 (表5-6～表5-9)。

铁矿床探矿工程间距表　表5-6

勘探类型	探矿工程间距 (m)			
	B级		C级	
	沿走向	沿倾斜	沿走向	沿倾斜
Ⅰ	200	100～200	400	200～400
Ⅱ	100	50-100	200	100～200
Ⅲ	50	50	100	50～100
Ⅳ			50	50

铜矿床探矿工程间距表　表5-7

勘探类型	探矿工程间距 (m)			
	B级		C级	
	沿走向	沿倾斜	沿走向	沿倾斜
Ⅰ	100	100	200	100～200
Ⅱ	50～60	40～50	100～120	80～100
Ⅲ	40～50	30～40	80～100	60～80
Ⅳ			40～60	40～60

磷矿床探矿工程间距表　表5-8

勘探类型	探矿工程间距 (m)			
	B级		C级	
	沿走向	沿倾斜	沿走向	沿倾斜
Ⅰ	400	200	800	400
Ⅱ	200～400	100～200	400～800	200～400
Ⅲ	100～200	50～100	200～400	100～200
Ⅳ	50～100	50	100～200	50～100
Ⅴ			50～100	50

煤矿床探矿工程间距表　表5-9

勘探类型	探矿工程间距 (m)		
	A级	B级	C级
Ⅰ	750	1500	3000
Ⅱ	375～500	750～1000	1500～2000
Ⅲ		250	250～500
Ⅳ			

(二) 稀空法

稀空法是指按一定方法将原有勘探网度放稀 (即增加勘探工程间距)，然后分析、对比放稀前后的勘探结果，从中选择合理勘探网度的方法称为稀空法。

应用稀空法时首先选择矿床中有代表性的地段，以较密的间距进行勘探，根据所获得的资料进行圈定矿体，计算储量等。然后将勘探工程密度放稀一倍或二倍，再进行矿体圈定、计算储量等，通过分析对比稀空前后的各种资料，从而得出较合理的勘探网度，再将此勘探网推广到所勘探矿床的其他地段。稀空法多用于矿床勘探后期或详细勘探阶段。

五、探矿工程的地质设计

探矿工程地质设计是从地质角度出发，根据成矿地质条件、矿床勘探类型、布置原则，确定探矿工程的种类、空间位置以及有关技术问题。主要包括钻探工程设计及坑道工程设计。

(一) 钻探工程设计

钻探工程设计包括确定钻孔截穿矿体的部位、开孔位置及钻孔的技术要求和钻孔理想柱状图的编制。

1. 钻孔截穿矿体部位的确定　要确定钻孔截穿矿体的部位，首先要根据勘探线（或勘探网）和详查资料编制矿体的理想剖面图，然后以地表矿体出露位置或已实施的探矿工程截穿矿体的位置为起点，沿矿体倾斜方向按选定的工程间距，根据矿体倾角大小，以水平距离（或斜距）沿矿体底板（或矿体中心线）量出钻孔将截穿矿体的位置。当矿体缓倾斜时（<30°），该工程多为水平间距（图5-6（a））；当矿体倾斜较大时（>30°），该工程间距为斜距（图5-6（b）、（c））。

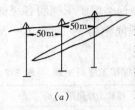

(a)

若矿体成群分布，钻孔穿过矿体的位置则以含矿带的底板边界为准；若有数个彼此并行、大小不等的矿体时则以其中主要矿体为依据；若为盲矿，则以第一个见矿钻孔位置为起点，按所选定的工程间距沿矿体的上下两端定出钻孔截穿矿体的位置。所选定的工程间距沿矿体倾斜的上下两端定出钻孔截穿矿体的位置。

2. 钻孔的孔口位置和钻孔倾斜角度及孔深的确定　孔口位置一般根据勘探网度及截穿矿体的位置确定。在此基础上还应考虑钻孔施工的技术条件，首先要求孔位附近要有较平坦的地形以便安置机场和施工材料；其次孔口应避开陡崖、建筑物、道路等。若孔口与地质设计要求矛盾时，允许在一定范围内适当移动。移动的距离应根据所探明储量的级别确定，一般在勘探线上可移动10～20m，在勘探线两侧可移动数米。

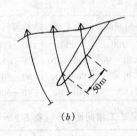

(b)

钻孔倾角是指钻孔轴线与垂线之间的夹角。为了使钻孔尽可能垂直矿体厚度方向，可根据矿体产状将钻孔设计成直孔，而对陡倾斜矿体常设计成斜孔。

孔深，一般根据地质要求确定，钻孔穿过矿体后在围岩中再钻进1～2m即可。如果矿体与围岩界线不清楚，应根据有关矿化、蚀变情况适当加大设计孔深。

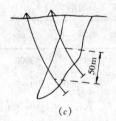

(c)

图5-6　沿矿体倾向（斜）布置探矿工程示意图

3. 钻孔技术要求　设计钻孔的技术要求有：岩芯和矿芯采取率、钻孔倾斜角漂斜和方位角偏离、孔深验证测量、简易水文观测、物探测井和封口要求等。

4. 编制钻孔理想柱状图　钻孔理想柱状图是钻孔技术设计和施工的地质依据。它是根据勘探线设计剖面编制的。比例尺一般为1:500～1:1000。其内容包括由上至下的岩性分层、各层钻进起止深度、矿层（矿体）起止深度、钻孔的技术要求及钻孔施工中应注意的事项（如岩石破碎、坍塌、掉块、涌水、流砂层、溶洞等）。

钻孔地质设计完成后，再将钻孔编号、坐标、方位角、开孔倾角、设计孔深、施工目的等列表归总，连同施工通知书提交钻探部门。

（二）坑道设计

坑道工程主要包括平硐、竖井、沿脉、穿脉等深部探矿工程。此类工程施工技术条件复杂、投资费用高，因而在设计时必须有明确的目的和充分的地质依据。同时为了使坑探工程能为今后开采所利用，应与开采部门共同研究，了解开采方案以及开采块段和中段的高度，以便正确进行地质设计。

在坑道地质设计中，新勘探矿区与生产矿山外围和深部不同情况的要求有所不同。在新勘探矿区坑道设计主要包括坑道系统的选择、坑道的布置等，而生产矿山则往往借助探采资料有针对性地进行坑道设计。

1. 勘探坑道系统的选择　坑道系统主要有平硐坑道系统、斜井坑道系统及竖井坑道系统。平硐系统主要用于地形起伏较大地区，斜井、竖井系统主要用于地形较平缓地区。平硐坑口位置应选择有较开阔的场地，岩层比较稳固，有较大面积堆放废石的凹地。坑口标高在历年洪水位之上。竖井一般多布置于矿体下盘的矿区近中心部位，井口位置地形应平坦，在历年洪水位之上，井筒应避开断裂带、流砂层和溶洞地带。

2. 探矿坑道的布置　探矿坑道主要指沿脉和穿脉。沿脉坑道一般布置在主矿体中，穿脉坑道用来圈定矿体范围及次要矿体。沿脉坑道设计长度大致与矿体长度一致或视需要而定，穿脉只需穿过矿体或含矿带即可。同一矿区内的穿脉坑道应布置在勘探线上，这样有利于编制剖面图。

探矿坑道设计好后，应在中段地质图和勘探线设计剖面图上标出坑道的方位、坑道长度以及坑道断面规格和坑道坡度等。坑道设计被批准后还应将坑道地质情况和水文地质情况等方面的资料送交施工部门，以保证施工安全。

思 考 题

5-1 什么是矿床勘探？其主要任务有哪些？

5-2 矿产储量是怎样划分的？有哪些类型？

5-3 为什么要划分矿床的勘探类型？

5-4 探矿工程总体布置形式有哪几种？每种形式可布置哪些探矿工程？

5-5 怎样确定探矿工程间距？钻孔设计包括哪些内容？

第六章 取 样

第一节 取 样 概 述

一、取样的基本概念

取样是指从矿体、近矿围岩或矿石中，按一定规格和方法，采取一部分有代表性的矿石或岩石作为样品，以研究矿石质量、加工技术性能以及采矿技术条件而进行的一项专门工作。

取样通常包括三个基本环节，即采样、样品加工、样品分析和研究。这三个环节质量的好坏直接影响矿产普查和勘探工作质量，影响矿床正确评价和利用，因此必须做好这一工作。

二、取样的目的与任务

（一）取样目的

取样是为了确定矿石质量和加工技术性能及开采条件。

矿石质量取决于三个方面，其一是矿石中有用组分的含量，如铁、铜等矿石中铁、铜的含量。其二是矿石中有用组分的技术及物理性能，如云母的质量取决于晶体大小、剥分性和绝缘性。其三取决于矿石中有用组分的含量及技术性能，如滑石的质量与滑石的含量有关外还与滑石的白度、细度有关。

矿石的加工技术性能是指矿石在分选、冶炼方面的性能，如磁铁矿具有磁性，相对赤铁矿来说更容易分选，而离子吸附型稀土矿相对原生稀土矿更容易提炼。砂金可用相对密度大的特性分选，而原生金砂则需要用其他方法分选。

矿床的开采条件主要取决于岩石的强度、风化程度及破碎程度。如果岩石风化、破碎程度低，强度大则有利于地下开采。

矿石质量和加工技术性能、开采条件是客观存在的，我们通过取样来分析和研究这些特性，以便为矿山开采提供资料。为了能全面反映矿石的这些特性，取样时要注意样品的代表性。样品的代表性与样品的数量、空间分布、采样方法、加工方法和分析试验结果的准确性等因素有关。

（二）取样的任务

矿产取样的任务在矿产普查和矿床勘探中略有不同，但归纳起来主要包括以下几方面：

1．查明矿石质量，确定有用、有害组分含量，矿石品级、类型及其空间分布规律。

2．查明矿石加工技术条件，即矿石的采、选、冶特性。

3．查明矿床开采条件，如矿体顶底板围岩的稳定性、岩（矿）石的物理机械性能等。

4．为储量计算提供数据。

三、取样的种类

按取样的任务和研究内容，取样可分为化学取样、岩矿取样、技术取样和加工技术取样四种。

化学取样是为了测定矿石的化学成分及其含量而进行的取样的工作。岩矿取样是为研究矿石的矿物成分、含量、结构、构造而进行的取样。技术取样是为研究矿石和岩石的技术、物理性质而进行的取样。加工技术取样是用来研究矿石（或岩石）的选矿、冶炼或其他加工性能的取样工作。

第二节 采 样 方 法

一、采样方法及其应用

采样是取样的第一个基本环节，采样往往与矿产普查和矿床勘探相伴随。由于所采集样品的种类、数量及规格不同，所采用的采样方法也有所不同。常用的采样方法主要有以下几种：

（一）打块法

打块法是在矿体露头或近矿围岩中凿取一块或数块矿（岩）石作为一个样品的采样方法。按打块的方法不同可分为以下几种：

1. **单独打块法** 在矿体露头或近矿围岩中凿取一块有代表性的样品。此方法主要用来采取技术样品、岩矿样品及化学样品。

2. **线形打块法** 在矿体露头或近矿围岩上沿矿体厚度方向连续或按一定间距，打数块大小一致的矿（岩）石，将其合并作为一个样品。此种方法常用于矿化均匀的沉积矿床的化学取样。

3. **网格打块法** 在矿体露头在近矿围岩上画上网格（或铺以绳网），在每个网格交点处打一块大小一致的矿（岩）石，然后将其合并作为一个样品的采样方法称为网格法。每个样品可以由15~20个点合并而成，样品总重量为2~5kg。此方法常用来采取化学样品。网格形状有正方形、矩形及菱形。布置网格时要考虑矿体变化特征，应使网格的短边与矿体变化大的方向一致。

打块法的优点是采样方法简单、效率高、容易操作，但对某些矿床所需结果的准确性可能不够，有时可能会受某些主观因素影响。

（二）刻槽法

在矿体或近矿围岩上按一定规格和要求布置样槽，把槽中刻取下来的矿石或岩石作为样品的方法称为刻槽法。刻槽法是目前采样的主要方法之一，常用于天然露头或坑探工程的采样。

1. **刻槽法采样的布置原则和形式** 刻槽法采样的样槽应沿矿体成分变化最大的方向，通常为矿体厚度方向。采样时应按照不同矿体、不同矿石类型和品级分段取样。如矿体与围岩界线不明确则需连续采样。

根据矿体产状及厚度的变化可采用直线形样槽、阶梯形样槽或倾斜形样槽（如图6-1）。

2. **样槽的形状与规格** 刻槽法采样的样槽形状以矩形为主，必要时采用三角形。矩

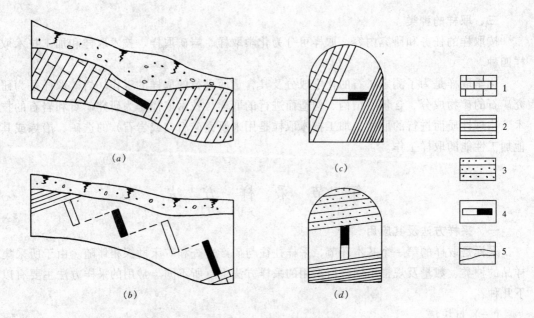

图 6-1 刻槽布样形式示意图
(a)直线形样槽;(b)阶梯形样槽;(c)倾斜形水平样槽;(d)倾斜形垂直样槽
1—石灰石;2—页岩;3—砂岩;4—样槽位置及编号;5—矿体

形断面的大小一般以宽与深表示,如 10cm×3cm。断面大小与矿体厚度及矿石结构构造、矿化均匀程度和所需样品重量等因素有关。当矿体厚度大、矿体均匀、矿物颗粒较细,所需样品重量少,则样槽断面可小一些,反之则应适当加大。样槽断面大小可根据类比法或试验法确定。现将主要矿产刻槽取样断面列表如下(表 6-1):

主要矿产刻槽采样断面一览表　　　　　　　　　　表 6-1

矿　种	刻槽断面规格 (cm×cm)	矿　种	刻槽断面规格 (cm×cm)
铁、铜、铅、锌、钼、镍(硫化镍)	10×3、5×2	明矾石、砷、石英、石膏	10×5
		蛇纹石、石墨	10×5、10×3
锰、铬、铝土矿	10×5、5×2	萤石、滑石	10×5、10×10
锑、汞、钨、锡	10×5、5×3	石膏	10×5、5×2
脉金	10×3、20×5	疏松锰矿	25×20
铍	10×3、20×5	煤	10×5、25×25
铌、钽	5×3、20×5	磷、硼、石灰岩、重晶石、黄铁矿	10×5、5×3
硅酸镍	10×5、5×3		

注:摘自《固体矿产取样规范》。

3.刻槽采样长度　刻槽采样长度是指沿矿体取样上单个样品的长度。样品长度不仅控制样品的重量,而且影响样品的代表性、样品数目和加工费用。

样品采样长度与矿体厚度、矿化均匀程度、矿石类型以及夹石剔除厚度有关。可根据试验或类比法确定采样长度。一般矿产样品长度如表 6-2。

一般矿产样品长度表　　　　　　　　　　表 6-2

矿　种	样品长度（m）	矿　种	样品长度（m）
铁、铬、铜、铅、锌、锡、钨、钼、镍	1~2	锰、铝土矿、铍、石膏、盐类矿床	0.5~2
铌、钽、硫、磷、砷、萤石	0.25~1	明矾石、白云石	2~5
锑、汞	0.3~1	硼、石墨、滑石、黏土、菱镁矿、石灰岩、脉金	<2
细脉浸染型大型铜矿床	4		

4．样槽位置　样槽布置的位置与探矿工程的类型有关。探槽中（包括剥土）样槽一般布置在槽壁上或底部。浅井或竖井中样槽布置在井壁上，矿化均匀时可在一壁上布样，矿化不均匀时可布置在对壁或四壁上，然后将其合并为一个样品。沿脉坑道中样槽布置在掌子面或坑道壁上。穿脉坑道样槽多布置于坑道壁上（如图 6-2～图 6-5）。

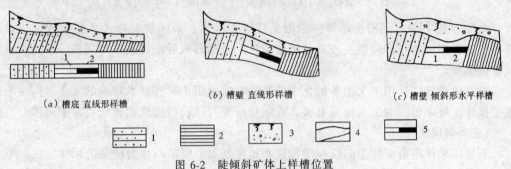

（a）槽底 直线形样槽　　（b）槽壁 直线形样槽　　（c）槽壁 倾斜形水平样槽

图 6-2　陡倾斜矿体上样槽位置
1—砂岩；2—页岩；3—第四系残坡积层；4—矿体；5—样槽位置及样号

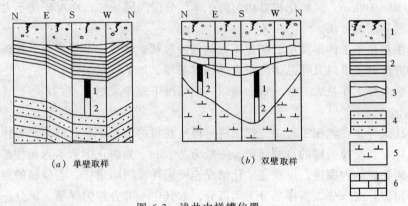

（a）单壁取样　　　　　　（b）双壁取样

图 6-3　浅井中样槽位置
1—第四系残坡积层；2—页岩；3—矿体；4—砂岩；5—闪长岩；6—石灰岩

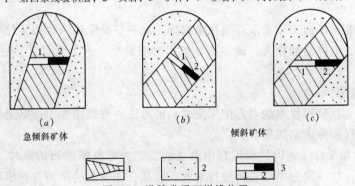

（a）　　　　　　（b）　　　　　　（c）
急倾斜矿体　　　　倾斜矿体

图 6-4　沿脉掌子面样槽位置
1—矿体；2—围岩；3—样槽位置及样号

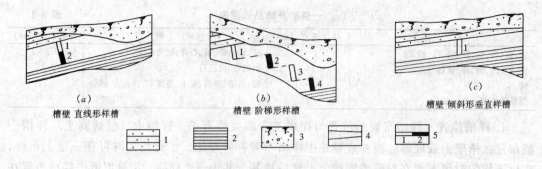

图 6-5 缓倾斜矿体上样槽位置
1—砂岩；2—页岩；3—第四系残坡积层；4—矿体；5—样槽位置及样号

5．样品的刻取　刻槽法采样一般由采样工人承担。采样前需修平采样位置，垫好采样布及围样布以防止样品散失或其他物体混入。样品刻取后应检查样槽规格，以免产生刻取上的偏差。

刻槽法采样广泛用于采集各种化学样品，有时也用于某些技术样品的采集。但由于需手工操作，效率低，对工人健康有害，应积极研究与试验以机械刻槽代替人工刻槽。

（三）剥层法

剥层法采样是沿矿体走向按一定深度和长度刻取一层矿石作为样品的采样方法，可在地表露头、探槽和坑道中进行采样。采样深度一般为 5、10、15（cm），个别矿产的剥层深度可达 50～100cm。对矿化相对均匀的矿体可分段间隔采样，而对矿化不太均匀的矿体可采用连续剥层的方法。

剥层法多用于矿体厚度小、矿化不太均匀的脉状矿体或伟晶岩矿床，此外也用于检查其他采样方法的质量以及样品需要量大的技术采样、加工技术采样。

剥层法采样工作量大、效率低，所以一般情况下较少采用。

（四）全巷法

全巷法采样是在坑探工程中，把掘进一段所获得的全部矿石或部分矿石作为样品的采样方法。样品长度视采样的目的而定，一般为 2～5m。为防止围岩落入而使矿石贫化，采样坑道必须在矿体内掘进。可根据矿化情况连续采样或间隔采样。若样品的重量超过要求时，要采用铲分或车分，将样品分为两部分，取其中一部分作为样品。铲分一般是一铲作为样品保留，而另一铲为非样品；车分是将样品装入矿车按一定的间隔取一车为样品，其他则为非样品。

全巷法主要用于加工技术取样及技术取样，对一些特殊矿床也用于化学取样。此方法采样代表性高，但样品数量大，成本高，使用时应慎重。一个大型矿床往往只采取 1～2 个样品。

（五）钻探采样

钻探采样是从钻探提取的岩芯中采集样品的方法。根据钻探工程钻进的方式不同可分为岩芯钻探采样和冲击钻探采样。

1．岩芯钻探采样　是以钻探工程中取出的岩芯为对象所进行的采样。采样时必须把岩芯清洗干净，按一定的样品长度进行采取。样品长度确定的原则与刻槽法相同。对圆柱状岩芯常采用人工或机械（劈岩机）的方法沿长轴方向劈为两半，取其中一半为样品，另一半保留在岩芯箱中。对碎块状岩石可用上述方法将每一块岩芯分为两半，取其一半为样品，另一半保存。对颗粒状或粉粒状岩芯则可将其一半作为样品。岩芯钻探取样主要用于采集化学样品，个别情况也可用于加工技术采样和技术采样。

2．冲击钻探采样　冲击钻探采样是以冲击钻进过程中得到的岩（矿）屑作为样品的采样方法。常用于砂矿床采样。钻进回次以采样长度为准。

采样方法除上述五种外，还有拣块法、刻线法和打眼法，由于它们使用较少，所以未详细介绍。

二、采样方法的选择

采样方法多种多样，我们怎样选择这些方法呢？我们先来看一下影响采样方法选择的因素。

（一）影响采样方法选择的因素

1．矿床地质特征　在矿床地质特征中矿体的形态、大小、厚度，矿化均匀程度，矿石结构构造和矿石中矿物颗粒大小对选择采样方法有较大影响。如矿化均匀的矿体则一般可选用打块法或刻槽法，而矿化不均匀的矿体则选用剥层法或全巷法。

2．探矿工程的种类　以坑探工程为主要勘探手段的矿床，可采用刻槽法、打块法、剥层法和全巷法，以钻探工程为主要勘探手段的矿床则只能采用岩芯钻探采样。

3．采样的目的和种类　采样的目的和种类不同，选用的采样方法也不同。如化学取样主要用刻槽法、岩芯钻探法采样。岩矿取样常采用打块法。技术取样可采用打块法、刻槽法、剥层法和全巷法。加工技术采样则常采用全巷法、剥层法或刻槽法。

4．技术经济因素　打块法、刻槽法设备简单、操作方便、成本低；而剥层法、全巷法设备复杂、操作技术要求高、效率低、成本高。

（二）采样方法的选择

在地质矿产调查中往往需要多种采样方法，而这些方法的选择首先是根据地质矿产调查的目的和使用的勘探工程来确定，其次要考虑矿床地质特征和技术经济因素。在满足地质目的前提下尽量选择操作方便、成本低、样品代表性好、效果好的采样方法。

第三节　化　学　取　样

一、化学取样的目的和任务

化学取样的目的是确定矿石的组成元素及其含量。化学取样的样品常称为化学样。化学取样的任务主要是：

1．确定矿石中主要有用组分、伴生有益组分和有害组分的含量。为确定矿石质量、矿石的工业品级提供资料。

2．确定矿石与围岩及夹石的界线，圈定工业矿体，为储量计算提供依据。

二、化学样的采样方法及采样间距

（一）化学样的采样方法

化学样的采样方法受探矿工程类型及矿体特征的影响，可分为下面两种情况：

1．坑探工程中采样　在探槽、浅井、坑道等坑探工程中采取化学样品，以刻槽法为主，次为打块法、剥层法和全巷法。刻槽法是化学取样的主要方法，应用最广。打块法多用于普查初期，对矿化均匀的矿床在勘探阶段也可应用。剥层法用于矿体厚度小、变化大、矿化组分分布极不均匀的矿床。全巷法则用于矿石中矿物颗粒结晶粗大的伟晶岩矿床。

2．钻探工程中采样　在钻探工程中采集化学样主要为岩芯钻探采样，有时也可用打块法采集化学样品。

(二) 化学样品采样间距的确定

化学样品的采样间距是指沿矿体走向（或倾向）上两个采样点之间的距离。采样间距愈小、样品的代表性愈强、准确性愈大。但样品间距越小、样品的个数越多、费用越高。因此为了使样品有代表性，又经济合理，必须合理确定采样间距。

1．影响采样间距的因素　影响采样间距的因素主要有矿体规模大小、矿体形态及稳定性、矿化均匀程度及采样的目的及任务。

一般情况下矿体规模大、形态简单、矿化均匀的矿床采样间距可适当大一些，相反则采样间距就要适当缩小。普查阶段采样间距适当大一些，而勘探阶段应该小一些。

2．采样间距的确定方法　确定采样间距主要有两种方法：

类比法：是将要进行勘探（或详查）的矿床与已经勘探的矿床进行类比，合理确定采样间距。一般多用于详查和勘探初期。类比时可参考品位变化系数来确定采样间距（表6-3）。因为在一定条件下，品位变化系数可以反映有用组分分布的均匀程度。

品位变化系数与采样间距关系表　　表 6-3

有用组分均匀程度		沿脉坑道取样间距（m）	矿　床　实　例
特征	变化系数（%）		
极均匀	<20	50～14	最稳定的铁、锰沉积矿床及沉积-变质矿床、块状钛磁铁矿、铬铁矿岩浆矿床
均匀	20～40	14～4	锰、铁沉积-变质矿床、风化型铁矿床、铝土矿床，某些硅酸盐类和硫化镍矿床
不均匀的	40～100	4～25	铜及多金属的接触交代矿床、热液矿脉和交代矿床、硅酸盐型和硫化物型镍矿床、金、砷、锡、钨、钼等热液矿床、铜及铬铁矿的浸染型矿床
很不均匀	100～150	2.5～1.5	不稳定的多金属、金、锡、钨、钼等矿床
极不均匀	>150	1.5～1.0	某些稀有金属矿床、纯橄榄岩中的铂矿床

试验法：是在矿床勘探中积累大量样品分析资料基础上进行的。即先确定一最小采样间距，然后放稀为不同的间距，并计算其平均品位与最小间距平均品位进行比较，取在允许误差范围内的最大间距。

三、化学样品的合并与加工

(一) 化学样的合并

化学样品合并是将所采集的样品按一定方法和要求合并成一个或数个样品，然后进行加工、化验，以减少样品的数量及化验工作量。

化学样品的合并方式有两种：其一是就地合并，送化验室加工、化验；其二是分别加工至一定的粗细程度，然后按采样长度或重量比例进行合并。

如有四个样品其重量分别为 5、10、15、20kg，要合并为一个样品，可先将四个样品分别加工至 80 目，然后按重量比例合并为一个 500g 重的样品。

化学样合并时应注意三个方面：其一是对矿床的赋存规律和矿化性质还未研究清楚时不宜将样品合并；其二只有采样方法、矿石类型、矿石品级相同的样品才能合并；其三凡是用肉眼就能辨认样品相差悬殊时，不能进行合并。

(二) 化学样品的加工

在矿床普查和勘探中所采取的化学样品一般为几百克至数千克重，样品中矿（岩）石颗粒也较大，而化验室要求送检的样品重只需 1~2g 左右、颗粒直径要小于 0.1mm。所以样品必须加工。样品加工应在一定理论指导下按一定原则和程序进行。

1. 样品加工的理论基础　通过理论研究发现样品的最小可靠重量与样品中颗粒的最大直径和缩分系数有关，用公式表示为：

$$Q = k \times d^2 \tag{6-1}$$

式中　Q——样品最小可靠重量（kg）；

d——样品中颗粒最大直径（mm）；

k——缩分系数，主要与矿化均匀程度有关。

此公式称为切乔特公式，在样品加工中广泛应用。它说明矿化越不均匀，样品的颗粒越粗，所要求样品的重量越大。

缩分系数一般为 0.01~0.5，特殊情况下确定缩分系数的方法可采用类比法及试验法。

2. 样品加工程序　样品加工程序可分为三个阶段，粗碎、中碎、细碎三个阶段。每一个阶段又包括四道工序，即破碎、过筛、拌匀和缩分。

四、化学样品的分析与检查

(一) 化学样品分析

化学样品分析的种类很多，根据地质目的要求不同主要有以下几种：

1. 基本分析（普通分析）　是为了查明矿石中有益、有害元素含量及其变化而进行的化学分析。它的成果是用来圈定矿体、划分矿石类型、品级、计算储量和评价矿床的依据。分析项目随矿种、矿石类型而异。如铜矿床分析铜元素的含量，多金属矿床分析铜、锌、铅的含量，铁矿床分析铁、硫、磷、二氧化硅含量等。

2. 多元素分析　在矿体不同部位采取有代表性的少量样品，以确定矿石中可能存在的伴生元素及有害元素含量，为组合分析提供依据的化学分析。如石英脉型钨矿床中除分析 WO_3 的含量外，还常分析 Be、F、Bi、Mo、As、Zn、Cu、Ag、Au 等伴生元素的含量。

3. 组合分析　用来了解矿体内可综合回收利用的有益组分或影响选冶性能的有害组分含量，为确定矿石的工业利用，计算伴生元素的储量及综合评价，提供地质依据。分析项目根据光谱分析和多元素分析结果，并结合地球化学元素共生组合规律确定。

4. 物相分析（合理分析）　是用来确定矿石中有用组分赋存的矿物相，为某些矿床研究自然分带，划分矿石的自然类型和选冶工艺提供地质依据。

5. 全分析　为了解矿体内各种矿石类型和品级中各种组分的存在及含量而进行的化学分析。分析项目一般根据光谱分析而定。

(二) 化学样品分析质量的检查

在化学分析中往往会出现一定的误差，产生误差的原因来自采样、加工及化验三个方面。为了确保分析成果的质量，必须对化验结果进行检查，主要有以下两种方式：

1．内部检查 检查样品分析中存在的偶然误差。从分析的副样中挑取一部分样品，重新编号再化验一次，比较原分析与检查分析结果，检查是否超过允许误差。

2．外部检查 检查样品分析中是否存在系统误差。是从已分析的副样中挑选一部分样品送上一级实验单位或水平较高的实验单位进行分析，然后检查是否存在系统误差。

第四节 技　术　取　样

一、技术取样的概念、目的、任务

技术取样又称为物理取样。是以了解矿（岩）石的技术物理性质为目的的采样。其任务是：

1．确定矿石的某些物理技术性质，评价矿石质量。

2．为储量计算提供某些数据。

3．为开采设计提供技术资料。

二、矿石技术样品的采取与测试

矿石技术样品包括矿石体重、湿度、孔隙度、岩石（矿石）物理力学性质、松散系数和岩石硬度等方面的测试样品。由于各项技术性能测试方法不同，因此采样方法及要求也不尽相同。现分述如下：

（一）矿石体重的测定

矿石体重是指在自然状态下单位体积内矿石的重量，以矿石重量与其体积之比表示。它是计算储量的基本数据之一。体重样采集及测定分大、小体重进行。

小体重测定的方法是根据阿基米德定律，采用封蜡排水法进行测定。其样品用打块法采集。

大体重测定用量空法。即在探槽、坑道或采场内采取一定体积的样品，然后称其全部矿石重量，其重量与体积之比即为大体重。其样品用刻槽法或全巷法采集。

（二）矿石相对密度的测定

矿石相对密度是指碾磨后的矿石粉末的重量与同体积水的重量比值。一般用相对密度瓶法测定。相对密度样品一般可从测定体重的样品中挑选。测定相对密度的目的是为了计算矿石的孔隙度。

（三）矿石孔隙度的测定

矿石孔隙度是指矿石中孔隙的体积与矿石总体积的比值，它用百分数表示。可分别测定矿石的干体重和相对密度，然后按下式计算孔隙度：

$$K_n = \left(1 - \frac{D_2}{D_1}\right) \times 100\% \tag{6-2}$$

式中 K_n——矿石的孔隙度；

D_1——相对密度；

D_2——干体重。

（四）矿石块度的测定

矿石块度是指矿石爆破后矿石碎块的大小程度，是矿山对矿石加工设计的依据。测定时将爆破下来的矿石用筛子按规定标准分类，然后分别称每一级重量，计算每一级占总重量的百分数，即可确定其块度。块度样品采用全巷法，可与加工技术样品同时进行。

（五）岩（矿）石力学性质试验

是为测定岩（矿）石力学性质而进行的试验，如测定岩（矿）石的强度等。主要是为生产设计部门计算支护材料或确定露天采场提供数据。样品采集多采用打块法。

第五节　加工技术取样

一、加工技术取样的目的与任务

加工技术取样的目的是在于研究矿石的可选性能及可冶性能。其任务是为矿山设计部门提出合理的工艺流程及技术经济指标，为矿床评价提供经济技术资料。

二、加工技术样品试验的种类

加工技术样品试验按其目的和要求不同可分以下几种：

1．实验室试验　实验室试验是指在实验室条件下采用一定的实验设备对矿石的可选性能进行试验，了解有用组分的回收率、精矿品位、尾矿品位等指标。为确定选矿方案和工艺流程提供资料。

2．半工业试验　也可称为中间试验。一般由设计和生产部门负责。其目的是为确定合理的选矿流程和技术经济指标，为建设加工技术复杂的大、中型选矿厂提供依据。此项试验是在近似生产条件进行的。

3．工业试验　是在生产条件下进行的试验。目的是为大、中型选矿厂提供建设依据或为新工艺、新设备提供设计依据。试验由生产部门进行。

除上述试验外，对某些建筑材料、冶金辅助材料和煤炭等，应根据不同的矿种及有关规定要求，分别进行加工技术性能试验。

三、加工技术样品的采集

1．加工技术样品的采样方法　加工技术样品的采样方法取决于矿石物质成分的复杂程度、矿化均匀程度和试验单位所需要的重量。实验室试验样品一般可用刻槽法和岩芯钻探采样法，而半工业试验及工业试验由于样品数量较多而采用剥层法和全巷法。

2．加工技术样品的采样要求　加工技术样品采样主要有三方面要求：样品代表性要求；采样点分布要求；样品重量要求。实验室试验样品重量一般为 $100\sim200\mathrm{kg}$，最多可达 $1000\sim1500\mathrm{kg}$；半工业试验一般为 $5\sim10\mathrm{t}$；工业试验一般几十吨至几百吨。

第六节　岩矿取样

一、岩矿取样的目的与任务

岩矿取样的目的是确定岩石和矿石的矿物成分、结构构造，为确定岩石或矿石名称、矿床成因、加工技术条件及其他地质研究提供资料。其任务是：

1．研究岩石和矿石中的矿物成分、结构构造、矿物含量及生成顺序和次生变化，为研究矿床的形成提供资料。

2．研究矿物的物理性质，为选冶及地质研究提供资料。

3．研究矿物的种类及元素的赋存状态，为矿床综合利用及计算伴生元素储量提供依据，为确定矿石类型提供资料。

二、岩矿取样的种类

岩矿取样根据地质目的不同主要可以分为三种类型：

1．岩矿鉴定取样　以确定岩石或矿石矿物成分、结构构造等为目的的采样。

2．重砂取样　以确定重砂矿物种类、含量为目的采样。

3．单矿物取样　从天然露头、采场或探矿工程中，采集一定矿石，从中挑选某一种矿物进行分析的采样。

三、岩矿采样的方法及要求

由于岩矿取样的种类不同，地质目的不同，故采样方法和要求也不同。

1．岩矿鉴定样　岩矿鉴定样的采样方法一般为打块法。采样时要根据其采样目的选择有代表性的岩（矿）石。采集的样品应尽可能新鲜。

2．重砂样　重砂样分为人工重砂和自然重砂。人工重砂样一般采用刻槽法、网格打块法或全巷法。自然重砂样常在浅坑、浅井中用全巷法。在钻探工程中用冲击钻探采样。人工重砂应选择有代表性的地段，自然重砂样应选择重砂富集地段。

3．单矿物样　单矿物样常用打块法，可在钻孔岩芯、坑探工程或露头上采取。采样要求视地质目的而定。

思 考 题

6-1　什么是取样？有哪些环节？

6-2　常用的采样方法有哪些？怎样选择采样方法？

6-3　化学采样的目的是什么？怎样采取化学样？

6-4　什么是技术取样和加工技术取样？两者有什么差别？

6-5　岩矿取样有哪些？各有什么作用？

第七章 地 质 编 录

第一节 地质编录概述

一、地质编录的概念

在地质矿产调查工作中,把对地质体的直接观测和经综合研究的成果,正确、系统地用文字和图表加以表达和说明,以解决和反映地质问题,这一过程,称为地质编录。

地质编录是地质矿产调查工作中一项经常性的基础工作,它的成果好坏将直接影响地质矿产调查工作的进展和地质成果的质量,因此,必须十分重视,严格要求,以保证和提高地质编录工作的质量。

二、地质编录的种类

地质编录工作按其工作性质及所反映内容的研究程度可分为原始地质编录和综合地质编录两类。

（一）原始地质编录

原始地质编录,是用文字、数据、图表等形式对天然露头或探矿工程揭露的地质体、地质现象进行地质观察记录和描述,并通过采样、化验、试验、鉴定、水文地质、物化探等工作取得第一性资料的地质基础工作。

原始地质编录一般取得以下几种资料:

1. 文字资料 如探槽、浅井、坑道中地质现象的描述记录；取样记录；钻孔岩（矿）芯的描述记录；岩（矿）芯薄片、光片、化石、重砂鉴定文字报告等。

2. 图表资料 各种探矿工程的素描图、采样及老硐的素描图、钻孔柱状图、照片、样品分析结果表、探矿工程登记表等。

3. 标本及样品资料 为了对观察对象作进一步研究而采取的标本及样品。

这三种原始资料,往往是互相配合的,在观察的同时,既要素描,也要采标本或样品与文字描述。

原始地质编录是基础地质资料,它的好坏将直接影响到综合编录与综合研究的成果质量。因此,必须做到认真、细致、全面、准确。

（二）综合地质编录

综合地质编录根据各种原始资料进行综合研究,用文字及图表进行记录和反映的工作,它是原始编录的深化。

综合地质编录成果包括以下资料:

1. 文字资料 矿产普查报告、地质勘探报告及各种专题研究报告等。

2. 图件资料 如区域地质图、矿床地质图、勘探工程分布图、勘探线剖面图、矿体投影图、水平断面图、各种储量计算图、矿床水文地质图、矿层等厚线图、品位变化曲线图等。

3. 表格资料 储量计算表册、各种数据统计表、水文地质成果表、探矿工程表及取样登记表等。

通过综合地质编录，将原始地质编录的成果科学化与系统化，使之上升为理论认识，进一步指导地质矿产调查工作。

三、地质编录的要求

为保证地质编录的质量，必须满足以下基本要求：

（一）真实性

编录成果是否真实是衡量编录质量的首要标准。原始地质编录要如实反映客观地质现象，不能随便加上主观臆测，更不能搞"回忆录"。综合地质编录必须建立在原始编录资料的基础上，尽可能做到真实反映地质矿产的客观实际情况。

（二）及时性

地质编录是地质矿产调查工作中的一项经常性工作，必须及时地、不间断地进行。经常而及时地进行现场地质编录，可以及时地发现问题，及时总结规律，有效指导下一步的地质矿产调查工作，增强工作主动性，减少盲目性。

（三）统一性

编录工作是由许多人共同完成的，只有统一的格式和表达方法才能为资料的归纳整理和共同利用打下基础。

编录前，应参照规范对具体内容作统一性规定。统一性一般包括：统一岩石名称、统一标志层和地层划分标准、统一编录方法、统一图例、比例尺、图表格式、统一图幅和测网、统一工程编号和样品编号原则等。这样就形成了地质编录的共同语言，便于联系对比和检查交流。

（四）针对性

对于编录对象的描述、素描、照相、采样以及编制图和表格，要突出重点，有针对地进行，切不可主次不分地、包罗万象。

第二节 探矿工程地质编录

探矿工程地质编录可分为坑探工程（探槽、浅井、坑道）和钻探工程地质编录两大类。探矿工程地质编录的主要成果是工程素描图及相应的文字描述。比例尺依矿床地质条件和研究目的而定，一般为1:50～1:200。水平比例尺和垂直比例尺应一致。对一些规模小而特殊的地质现象，可采用较大比例尺，如1:1～1:50，甚至更大。素描图除详细表示地质现象外，还应有下列内容：矿区名称、工程名称及编号、工程坐标、方位角、比例尺、样品或标本位置及编号、图例、素描人及日期等。

文字描述应详细而重点突出。

一、探槽地质编录

探槽工程（TC）的素描，通常绘一壁一底的展开图。若两壁地质现象相差较大时，则应绘制两壁一底展开图。在图纸上槽壁和槽底之间应留宽度不小于1cm的间隔，以便于注记。

（一）探槽素描图的展开方法

1. 坡度展开法：槽壁按地形坡度作图，槽底作水平投影。此法能比较直观地反映探槽的坡度变化及地质体在槽壁的产出情况，因而被普遍采用。

2. 平行展开法：在素描图上，槽壁和槽底平行展开，坡度角用数字和符号标注。这种方法适用于坡度较陡的探槽。

（二）探槽素描图的作图步骤

1. 首先应对探槽内素描部分进行全面地观察研究，了解其总体地质情况。统一认识，分工编录。一般分测量、记录、绘图、采集标本等四项工种。

2. 在素描壁上，将皮尺从探槽一端拉到另一端，并用木桩加以固定作为基线，然后用罗盘测量探槽的方位角及坡度角。皮尺的起始端（即零米处）要与探槽的起点相重合。

3. 用钢卷尺沿皮尺所示的距离铅直丈量特征点（如探槽轮廓线、分层界线、构造线等）。测量次数依地质体及探槽的形态复杂程度而定。

4. 绘图者先在方格纸上按所采用的比例尺及基线的坡度，长度画上基线位置，根据测得的数据按比例尺定出各特征点位置，并参照地质体的实际出露形态，将相同的特征点连线成图（图7-1）。

5. 测量地质体的产状，并将产状要素标注在槽壁相应位置的下方（图7-2）。

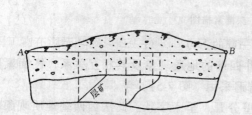

图 7-1　槽壁上地质界线的测绘

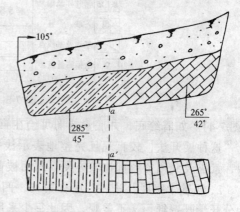

图 7-2　槽底的素描方法

6. 槽底的素描可采用以壁投底的方法绘制，即将槽壁底界的地质界线点垂直投影到紧靠素描壁一侧的槽底轮廓线上，然后根据地质体的走向与探槽方位之间的关系，绘出槽底素描图（图7-2）。

7. 在进行探槽素描的同时，应进行文字描述，采集标本，划出采样位置，并将标本和样品位置及编号标注于图上（图7-3）。

8. 进行整理清绘，要求素描图内容齐全。

二、浅井地质编录

浅井工程（QJ）的素描一般是作四壁素描展开图。当地质条件较简单时，也可只画相邻的两壁，甚至是一壁。浅井地质编录应随工程施工的进展，每掘进1~2m后，及时进行。

（一）浅井素描图的展开方法

1. 四壁平行展开法：将浅井从工程起点处拆开，四壁按逆时针方向并排展开

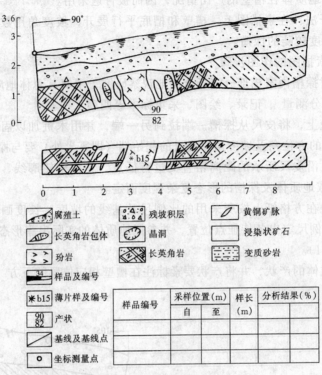

图 7-3 探槽素描图

（图 7-4）。如需绘底，井底素描图可绘在第一壁的下方。

这种展开法，较直观且完整地表示浅井四壁的地质现象及其相互关系，图面紧凑美观，素描及利用资料都比较方便，因而被普遍采用（图 7-5）。

2．四壁十字展开法：井底在中央，四壁分开，呈十字状。此法因四壁地质现象被人为分开，既费纸，又不美观，因此很少采用。

（二）浅井素描图的作图步骤

1．选择某一井壁角顶作为工程起点，将皮尺的零点与工程起点重合，使皮尺在井中处于铅直状态。

2．用罗盘测出井壁方位，用小钢卷尺量出井壁宽度。

3．在方格纸上按比例尺用四壁平行展开法绘出浅井展开图的轮廓。上端注明井壁方位，在第一壁的外侧绘上井深。

4．以皮尺作垂直标尺，钢卷尺作水平标尺，从上到下逐一测量各地质界线的出露位置，并按比例将其画在图上。

5．采集的标本、样品应按实际位置绘在图上。

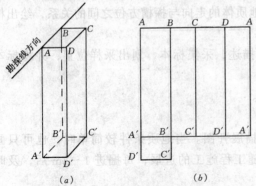

图 7-4 浅井素描图展开方法
（a）井立体图；（b）四壁平行展开方法

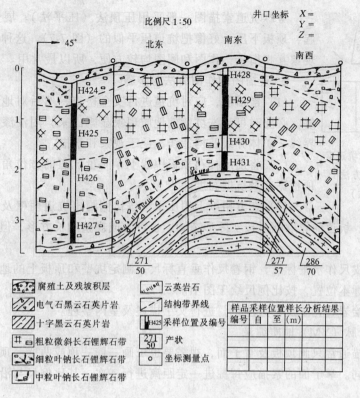

图 7-5　浅井素描图

6．测量产状，填绘岩石花纹及有关注记，进行文字描述及整理，清绘工作（图 7-5）。竖井、暗井、天井等垂直坑道的编录方法与浅井相同，不再重复。

三、水平坑道地质编录

（一）穿脉地质编录

穿脉（CM）及石门（SM）编录通常画两壁一顶的素描图（图 7-6）。

1．展开方法

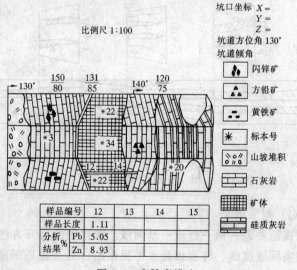

图 7-6　穿脉素描法

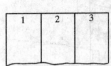

图 7-7 穿脉坑道素描图展开方法（压顶法）

穿脉坑道素描图一般采用压顶法（压平法）。展开时两壁向外掀起，顶板下压，好像把坑道压平似的（图 7-7）。这种方法表示的地质现象互相衔接，作图和阅图均较方便，所以最常用。

2．素描图的作图方法与步骤

（1）素描前，应对坑道进行安全检查，然后对地质情况作总体了解。必要时可清洗坑壁使地质现象显露出来，用油漆或粉笔划出岩层界线、矿体界线及构造线，便于观察和素描。

（2）将皮尺挂在顶板中线上，测量坑道的方位角及坡度角，丈量顶板宽度及坑壁高度。

（3）在方格纸上用压平法按比例画出坑道两壁及顶板的轮廓，标出坑道方位。坑道的轮廓既可按实际形态画，也可画成规整的长方形，但同一矿区必须统一。

（4）以皮尺作水平标尺，钢卷尺作垂直标尺，测定坑壁和顶板上的地质界线、岩层产状、样品或标本位置，按比例尺绘于图上。

（5）填绘岩石花纹及有关注记，进行文字描述及室内整理。

（二）沿脉（YM）地质编录

沿脉素描通常只画顶板及掌子面，视需要也可画一壁一顶或两壁一顶。其素描方法与穿脉素描相同。掌子面的素描应每掘进一定距离进行一次，其比例尺与沿脉坑道顶板素描图一致。

掌子面素描时，应根据沿脉顶板上距离掌子面最近的中线桩（控制点）来确定该掌子面在沿脉中的正确位置，然后在掌子面顶部中点悬挂皮尺作为垂直标尺，以钢卷尺作为水平标尺，测量掌子面的轮廓及地质界线的位置，按比例画在图上。掌子面的轮廓可按实际形态控制，也可画成规整的梯形。

掌子面素描图必须按照次序系统编号，并与顶板素描图放在一起，同时在顶板素描图上画一直线，以表示其具体位置（图 7-8）。

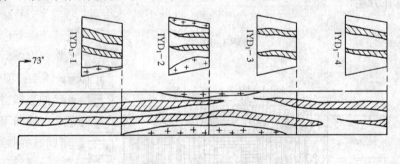

图 7-8 沿脉地质素描图

（三）斜井（XJ）地质编录

斜井的素描可视需要画一顶一壁或一顶两壁。素描图的展开方法有两种：一种是坡度展开法，将坑壁按实际坡度画，将顶板画水平投影图；另一种是压顶法，此法与穿脉素描相似，只需在素描图中注明斜井的坡度即可。

四、钻孔地质编录

钻孔（ZK）地质编录是根据岩（矿）芯、岩粉以及各种测量数据来进行的。

（一）岩（矿）芯编录

地质编录人员在钻机现场的编录工作包括：检查机台班表中填写的进尺数，检查孔深，检查岩矿芯（包括岩芯票、岩芯编号、岩芯箱编号）并描述，修正钻孔预想柱状图，检查孔斜情况，检查简易水文观测及封孔的质量验收等。

1. 检查孔深

（1）检查进尺累计孔深：依次将上一回次的孔深，加上本回次的进尺数，即等于本回次的孔深。

（2）根据钻具记录核对孔深：钻具总长度减去地距（机台木的厚度）、钻机高度和机上钻杆长度后，与记录孔深数相符，说明孔深无误。

（3）丈量机具验证孔深：由于人为和客观的因素都会使丈量的钻具长度产生误差，所以要定期丈量钻具。当孔深误差超过千分之一时，必须进行合理平差。

（4）终孔时，应检查全孔深度。

2. 检查岩矿芯

从岩芯管取出岩矿芯时，岩芯管应斜放，且离地面不应超过 20cm，以防岩矿芯次序混乱。岩矿芯上沾有泥浆或其他物质时，应在未装箱之前用水洗净。对于松软粉状岩芯，取芯时要仔细操作，以保持原状，不可水洗，且应用牛皮纸或塑料袋装好。

岩矿芯经整理后，按自上而下的顺序，从左至右排列放入岩芯箱中。回次间用岩芯牌隔开，没有取得岩芯的回次，也要填写岩芯牌和放置岩芯牌。

岩矿芯均须用油漆编号，其格式如 $10\frac{2}{3}$。分子的整数表示提取岩芯的回次数，分母为该回次岩芯总块数，分子为岩芯在总块数中自上而下的顺序号。

岩芯箱装满后，在箱旁写上矿区名称、钻孔编号、起止孔深、起止岩芯编号及岩芯箱的顺序号。

岩矿芯经检查编号后，要对岩芯进行分层并描述。描述内容有：岩（矿）石名称、颜色、结构构造、矿物成分、化石、矿化特征、蚀变现象、接触关系、构造破碎情况及次生变化等。

3. 修改钻孔预想柱状图

根据所取得的实际资料，随时对柱状图进行修改，并根据新资料推测未钻的下段的地质情况，以便正确指导施工。

4. 检查孔斜测量

编录人员要注意检查是否在设计间距进行了孔斜度测量，测得结果是否合乎要求，如不合格应采取防斜措施。

5. 简易水文观测

简易水文观测是岩芯钻探工作重要内容之一。目的是获取划分含水层和相对隔水层的位置、厚度等资料，并初步了解含水层的水位。

6. 岩矿芯采取率的计算

岩芯采取率，是指某一孔段内所取得的岩芯长度与该段进尺长度的百分比。

$$岩芯采取率 = \frac{岩芯长度}{取芯孔段进尺长度} \times 100\% \quad (7\text{-}1)$$

(1) 回次岩矿芯采取率的计算

$$回次采取率 = \frac{本次提取岩芯长}{本次进尺 - 本次孔底残余进尺 + 上次孔底残余进尺} \times 100\% \quad (7\text{-}2)$$

若回次岩芯采取率超过100%，即岩芯总长大于回次进尺时，一般为残留岩芯所引起。残留岩芯处理方法是：将超出部分推到上回次计算，如继续超出还可继续上推，一般不能上推五个回次（表7-1）。

表 7-1

回 次	钻孔深度（mm）		进尺 (m)	岩芯长度（m）	
	自	至		修改前	修改后
1	101.50	103.50	2.00	1.00	1.50
2	103.50	105.00	1.50	1.40	1.50
3	105.00	106.00	1.00	1.10	1.00
4	106.00	108.50	2.50	3.00	2.50

(2) 分层岩矿芯采取率的计算

$$\Sigma N = \frac{\Sigma L}{H_2 - H_1} \quad (7\text{-}3)$$

式中 ΣN——某分层岩矿芯采取率；

ΣL——某分层各回次取出的岩芯总长；

H_2——某分层下界孔深；

H_1——某分层上界孔深。

7. 换层孔深计算

在无残留岩芯的情况下，可按下列公式计算。

$$H = H_1 + \frac{m_1}{n} \quad (7\text{-}4)$$

或

$$H = H_2 - \frac{m_2}{n} \quad (7\text{-}5)$$

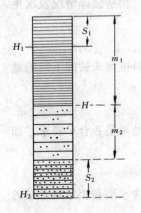

图 7-9 换层深度计算

式中 H——换层深度；

H_1——上回次孔深；

H_2——本回次孔深；

m_1——换层处上段岩芯长；

m_2——换层处下段岩芯长；

n——岩芯采取率。

当有残留岩芯时，按下式计算，如图7-9

$$H = H_2 - S_2 - \frac{m_2}{n} \quad (7\text{-}6)$$

或

$$H = H_1 - S_1 + \frac{m_1}{n} \quad (7\text{-}7)$$

式中 S_1——上回次残留进尺；

S_2——本回次的残留进尺。

8. 岩层倾角测量

岩层倾角测量是了解构造,对比岩矿层,编制地质剖面和进行真厚度计算的基础资料,应在岩芯分层描述的同时,逐层进行测量。

一般采用量角器和测斜仪测定岩层倾角或其与岩芯轴面的夹角。

9. 填写钻孔记录表

在完成上述各项工作的基础上,地质人员要及时填写钻孔记录表,其内容格式一般如表 7-2,表 7-3。

钻孔野外记录簿 表 7-2

日期	班及回次	进尺（m）			岩芯			换层深度（m）	岩石性质	岩石等级	标本号码	钻孔水位（m）		消耗用水量			孔内情况	备注
		自	至	合计	长度(m)	残留(m)	采取率(%)					起钻层	下钻前	水箱水位高(cm)	增加水位高(cm)	单位时间消水量(L/h)		
1	2	3	4	5	6	7	8	9	10	11	12	13	14	15	16	17	18	19

钻孔地质记录 表 7-3

层位	进尺（m）			岩芯		岩性描述	倾角（或假倾角）	岩层假厚度（m）		岩层真厚度（m）	标本号	采样号	采样位置（m）			分析结果	备注
	自	至	合计	长度(m)	%			据岩芯	据测井				自	至	采长		
1	2	3	4	5	6	7	8	9	10	11	12	13	14	15	16	17	18

(二)钻孔地质柱状图及钻孔地质剖面图的绘制

1. 钻孔地质柱状图的绘制 钻孔地质柱状图是在岩矿芯全部描述完后,按钻孔记录表中记录的内容逐段编绘的(图 7-10)。比例尺一般为 1:100～1:500。

××××矿区第3勘探线 ZK25 柱状图

比例尺 1:200

开孔日期: 年 月 日
终孔日期: 年 月 日
终孔深度:

孔口坐标: $X=$
$Y=$
$Z=$

钻孔倾角:
钻孔方位角:

回次编号	进尺(m)			提取岩芯			分层			标志面与轴线夹角	柱状图 1:200	岩性描述	样本号	样品号	取样深度(m)		样长(m)	化验号	分析结果(%)				钻孔结构	简易水文观测		测井结果	备注
	自	至	合计	长度(m)	采取率(%)	岩芯编号	采取率(%)	换层深度(m)	假厚(m)						自	至								消耗量(L/min)	水位(m)	孔内情况		

图 7-10 钻孔柱状图

绘制时应注意以下问题：

（1）比例尺主要根据地质情况的复杂程度而定，同时考虑到与其他素描图的内容要求符合，以便统一编录。

（2）图上厚度一般表示的是岩层的假厚度。

（3）"钻孔结构"一栏，表示钻孔在一定孔深间隔的孔径及终孔的孔径。

2．钻孔地质剖面图的绘制

（1）依钻孔天顶角绘制钻孔剖面图

当钻孔只发生天顶角的变化，而方位角变化不大时，才用此法。

现以表7-4的测斜资料，具体加以说明。

表7-4

测点编号	测点深度（m）	天顶角（度）	方位角（度）
0	0	17	90
1	120	19	110
2	230	39	119
3	350	55	122

首先，假设在两次钻孔测斜距离的中点开始弯曲，这个中点称钻孔弯曲的转换点。求出制图时钻孔天顶角转换点的深度，如图7-11中的A、B、C、D及各转换点的控制长度；然后根据各测点的钻孔天顶角及角度转换点和控制长度进行作图；连接OA、AB、BC、CD等折线为平滑曲线，即为校正以后的钻孔轴线图。

（2）用钻孔天顶角及方位角绘制钻孔剖面图

当钻孔既有天顶角弯曲，又有方位角歪偏时，可采用以下两种方法绘制钻孔剖面图。

1）投影制图法首先按钻孔实际测定天顶角数据，用前述方法依次画出各相应线段，得到钻孔轴线图。

（A）法线投影法

法线投影法又称正投影法，当剖面线与矿体或岩层走向基本垂直时，可用此法。以表7-4的资料为例，以图7-11为基础，在钻孔轴线的下方绘一水平线（此水平线应视为勘探线剖面的方向线），将O、A、B、C、D各折线点垂直投影到水平线上（图7-12），得$O'A'$、$A'B'$、$B'C'$、$C'D'$等线段，从孔位O'起，在90°方位上取线段长等于$O'A'$，得点1；从点1起在110°方位上取线段长等于$A'B'$，得点2；从点2起在119°方位上取线段长等于$B'C'$，得点3；从点3起在122°方位上取线段长等于$C'D'$，得点4。连接点O'、1、2、3、4所形成的折线，就是钻孔轴线在水平面上的投影图（图7-12）。再由1、2、3、4各点向上作垂线与水平线交于$1'$（本例中1与$1'$重合）、$2'$、$3'$、$4'$，再往上与剖面上通过A、B、C、D各点的水平

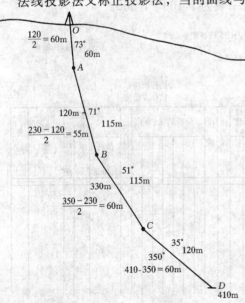

图7-11 天顶角校正后的钻孔轴线图

线交于1″、2″、3″、4″点，将O、1″、2″、3″、4″这些点连起来，就是法线投影的钻孔轴线。

地质界线点的投影方法，是将天顶角校正后的钻孔轴线上的地质界线点（图7-12中的e），沿水平方向投影到钻孔法线投影线上（图7-12中的e'）。在实际工作中，将折线人为圆滑成曲线。

(B) 走向投影法

当剖面线与矿体或岩层走向不垂直，且偏差较大时，就要采用走向投影法。用法线投影中同样的方法，作出钻孔天顶角校正后的钻孔轴线垂直剖面图和钻孔轴线水平剖面图，然后在钻孔轴线水平投影图上加上矿体（或其他地质体）的走向和倾斜符号（如图7-13中的下部）。从1、2、3、4各点，作矿体走向线的平行线，与剖面线交于1‴、2‴、3‴、4‴等各点，从1‴、2‴、3‴、4‴各点向上作垂线，与通过A、B、C、D各点的水平线相交于t_1、t_2、t_3、t_4，将O、t_1、t_2、t_3、t_4连接起来，就是用走向投影法绘制的钻孔轴线（图7-13的上部）。

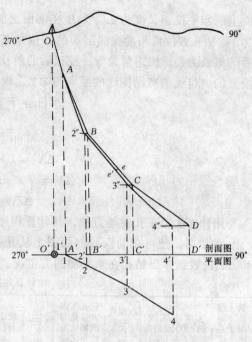

图7-12 钻孔法线投影图

2) 计算制图法

取钻孔一次测斜的控制长度AB（图7-14），设从A点至B点的进尺为l，AB在剖

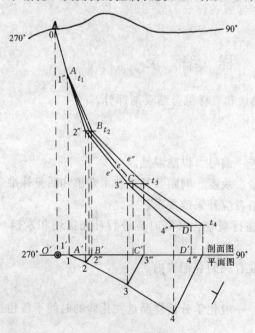

图7-13 钻孔走向投影图

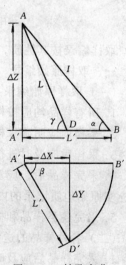

图7-14 钻孔弯曲校正角计算图解

面上的水平投影长度为 L'，AB 在剖面上的垂直投影长度为 ΔZ，AB 段实测钻孔倾斜角为 α，钻孔方位角与勘探线剖面的方位角差角为 β，AB 在剖面上经倾斜角和方位角校正后的斜长为 L，校正角为 γ，校正后的斜长 L 在剖面上的水平投影长度为 ΔX，在平面上投影的方位线偏离勘探线的距离为 ΔY，根据三角函数关系有：

$$\operatorname{ctg}\gamma = \operatorname{ctg}\alpha \times \cos\beta \tag{7-8}$$

$$L = l \times \frac{\sin\alpha}{\sin\gamma} \tag{7-9}$$

$$\Delta X = l \times \sin\alpha \times \operatorname{ctg}\gamma \tag{7-10}$$

$$\Delta Y = l \times \sin\alpha \times \operatorname{tg}\beta \times \operatorname{ctg}\gamma \tag{7-11}$$

$$\Delta Z = l \times \sin\alpha \tag{7-12}$$

用计算法校正孔斜与方位，其计算程序如表 7-5。用表中校正后斜长（L）和校正角（γ）的数据，便可在勘探线剖面图上从开孔位置开始逐段作出钻孔的投影轴线。用 ΔX 和 ΔY 的数据作出钻孔在水平面的方位线。

计算制图法计算表 表 7-5

测量深度 (m)	控制长度 (m)	实测方位角 (度)	实测倾斜角 (度)	勘探线剖面方位角 (度)	钻孔实测方位角与剖面线方位角之差角 (度)	校正角 (度)	校正后斜长 (m)	L 在剖面上水平投影长度 (m)	水平投影结果累计长度 (m)	在水平面上方位线偏离勘探线长度 (m)	方位线偏离勘探线累计长度 (m)	L 在剖面上垂直投影长度 (m)	垂直投影线累计长度 (m)
M	l	θ	α	θ'	β	γ	L	Δx	$\Sigma\Delta x$	ΔY	$\Sigma\Delta Y$	ΔZ	$\Sigma\Delta Z$
0	25	312°30′	78°	312°30′	0°	78°	25.00	5.20				24.46	
50	50	325°	73°	312°30′	12°30′	73°21′	49.91	14.27	19.47	3.17		47.82	72.28
100	35	328°	71°	312°30′	15°30′	31′35	34.82	11.01	34.48	3.05	6.22	33.09	105.37

为了计算方便，可根据 $\operatorname{ctg}\gamma = \operatorname{ctg}\alpha \times \cos\beta$ 公式制成钻孔弯曲校正角 γ 换算表，如果已知 α 和 β，即可查出 γ 的度数。

第三节 取 样 编 录

取样编录按其性质，可分为取样原始编录和取样综合编录两部分。

一、取样原始编录

（一）取样原始编录工作要求

1．所有样品均应按样品种类分别进行统一编号，以防混乱。

2．采样前应明确采样方法、规格、重量、块度、间距及其他技术要求和质量标准。

3．采样后应及时进行质量检查，不合格者应补采或重采。

4．采完样品后，应及时对样槽和矿芯进行观察，必要时应进行补充描述和素描，以便充实原始地质记录的内容。

5．采完各类样品和标本后，均应登记在有关的登记表内。

（二）各种样品的送样

1．采完样品后应及时送交加工和化验，一般化学分析样品送往化验的时间不得超过 5~15d。送样时要填写送样单一式三份。

2．实验室收到样品后，应对照送样单逐个验收，并在送样三联单上签字。

3．为节约化验费用、提高工作效率，在委托普通分析样品化验时，可规定各元素定量分析的下限，低于规定下限者可不报具体数字。如某元素定量分析下限规定为0.1%，则低于此含量者可按小于0.1%报出。

二、取样综合编录

样品分析结果，除供储量计算、评定矿石质量等用途外，还可以用来研究有用组分的特征、品位与各地质因素之间的关系，研究其变化规律，以指导地质矿产调查工作。因此，就要把样品分析的原始资料进行各种类型的综合整理。

（一）品位变化曲线图

为了反映矿体物质成分变化特征，研究品位与有关地质因素的关系，可根据化学取样或矿物取样结果，作出各种组分的品位变化曲线图。

1．单个组分变化曲线图

单个组分可以是元素，化合物或矿物。单个组分在不同位置的变化曲线，可表示单个组分在不同地段和方向上的变化特征。

图7-15表示脉状矿床厚度与品位的关系。图中两条曲线表明矿体厚度与品位之间有同升同降关系，厚度越大，品位越高。这对于评价矿床、储量计算和指导开采都有用处。

2．多种组分变化曲线图

把所要了解的两种或两种以上的组分放在同一坐标系统中表示出来，以了解它们之间的关系。

图7-16表示某耐火黏土矿床几种因素间相互关系。从图上曲线来看，在盆地最深处矿层的Al_2O_3与TiO_2含量最高，耐火度（SK）最佳。若用曲线表示，则深度、含量和耐火度三条曲线也是同升同降关系。

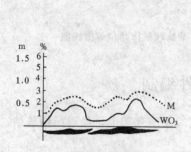

图7-15 脉状矿体厚度与
品位关系对比曲线图

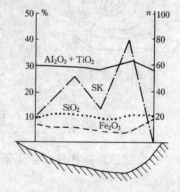

图7-16 某耐火黏土矿床综合变化曲线图
n—耐火度在1630℃以上的试样个数

这种分析可以了解矿床形成特点和质量变化规律，掌握各有用、有害成分的变化关系，对开采、选矿和冶炼均有重要意义。

（二）相关分析图

在矿石的化学成分中，常可见两个或数个组分间存在有规律的联系，这种联系可用相关系数γ表示。据γ值可判断是正相关、负相关或不相关。

某铅锌矿床富含分散元素铟、镉、镓，它们的含量和主要组分铅、锌间存在一定的关系（图7-17）。由图可见，镉、铟和锌的关系十分密切，呈正相关；而和铅的关系则较

93

差；镓和锌、铅的关系均不密切。

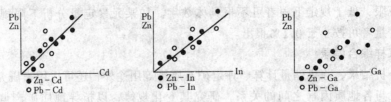

图 7-17 Pb、Zn 与 Cd、In、Ca 的相关散点图

知道了元素间的相互关系，有利于研究矿床成因，通过一个组分判断另一组分的含量。

（三）品位等值线图

图 7-18 表示缓倾斜层状矽卡岩矿床的品位等值线图。据图可得出以下规律：在西北面近背斜轴部地方（背斜轴为北东向）及断裂附近矿石品位增高；F_1、F_2 是成矿前的构造，是成矿的热液通道，背斜褶皱所形成的层间破碎则为良好的容矿构造。

图 7-19 是某脉状矿体垂直纵投影的品位等值线图。由图知脉状矿体的富矿柱的产状和倾伏角，结合有关地质资料，对指导下一步的勘探或开采有重要意义。

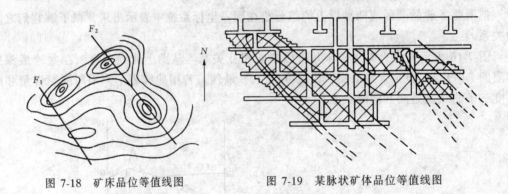

图 7-18 矿床品位等值线图　　　图 7-19 某脉状矿体品位等值线图

第四节 综合地质图件编制

综合地质图件的编制，是在各种探矿工程原始地质编录的基础上，经过归纳总结，计算分析后编制而成的。

综合地质图件的编制的意义，归纳起来有以下几个方面：

1. 可以总观矿体形态全貌，研究矿体或地质构造，用于布置工程，提供找矿方向，解决勘探设计和施工中的一些具体问题。

2. 综合图件是全面反映矿床地质勘探工作，进行矿床地质综合研究的基础图件。

3. 综合图件是计算储量的依据，是储量报告的重要组成部分。

4. 综合图件是矿山设计和进一步进行地质勘探、矿床评价的依据。

综合图件编制的一般要求：

1. 除按标准分幅编制外，一般图件尽量要用 190mm×270mm 的整数倍。

2. 在编制时应先考虑图幅的布置、方向、图幅大小、图幅内容等。平面图的方向应是上北下南或右北左南。剖面图正北、北东、东、南东端一般放在右侧。图幅大小以图内不剩大块空白为原则。

3. 地质图件的图名一般由工作地区（省、县或人所共知的地理或地质单元）、矿区名称或编号、图的类别三部分组成。图名应全部采用汉字，必要时可注以当地民族文字。

4. 图件中所绘各种图形符号、文字符号、花纹及彩色必须全部列入图例，说明它们所代表的意义。地形图上的某些常用符号可以不列出。成套使用的图件可单独编制一张统一图例。图例中上下排列次序一般为地层（从新至老），侵入岩（从新至老，从酸性至超基性）、岩相、构造、矿产、探矿工程及其他。

5. 责任表绘在图右下方。

综合图件很多，下面仅介绍勘探线剖面图、水平断面图、矿体垂直纵投影图的编制方法。

一、勘探线剖面图的编制

勘探线剖面图是反映矿床（体）地质特征的基本图件，同时也是垂直断面法计算储量的主要图件。它是根据地表剖面测量和探矿工程所获得的全部资料编制而成的。比例尺一般为1:500～1:2000。

（一）图纸内容

1. 剖面地形线及方位，坐标线及标高线；
2. 探矿工程位置及编号；
3. 样品位置、分段、品位及编号；
4. 地（岩）层、岩浆岩、构造、蚀变围岩、矿体及不同矿石类型、品级的分布情况。

（二）编制方法

1. 标高线、坐标线及地形曲线的绘制：

（1）绘标高线。标高线即海拔标高线（或假定标高线），在图纸上每隔10cm画一条平行勘探线的直线，按矿体产出标高在其一端注记标高数值。

（2）根据测量成果或利用矿区地形地质图来绘制剖面地形曲线，并标明剖面线的方位和控制点的位置（图7-20）。

（3）绘坐标线。一般选择剖面线与坐标线交角大于45°的一组，即选取与剖面线相交截距最短的坐标线，标在图上（图7-20）。

2. 绘制探矿工程

（1）槽、井、钻孔的投绘

探槽、浅井、钻孔在地表的位置，以距最近基点为准，量水平的距离，在剖面图水平方向找到相应位置，垂直向下与地形线相交的点即是工程位置。探槽与浅井按实际深度将端点连接即可（图7-21），若探矿工程偏离勘探线，只需向剖面线上作垂直投影即可。

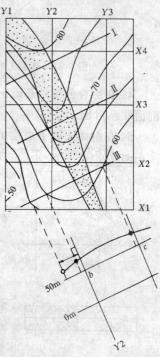

图7-20 地形曲线与坐标线投绘

(2) 坑道的投绘

在坑道平面图上测量沿脉及穿脉端点距最近基点的距离，然后在剖面图上的相应标高的水平线上绘出端点与坑道轮廓（图 7-21）。

3. 地质界线的投绘

根据地质剖面测量记录和各工程原始编录资料，展绘各种地质界线，用岩石花纹图例（宽度为 1cm）在工程的一侧表示（图 7-22）。地质界线按产状下延。注明产状、取样位置及编号。

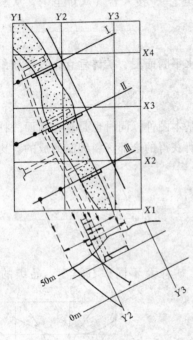

图 7-21 探矿工程的投绘

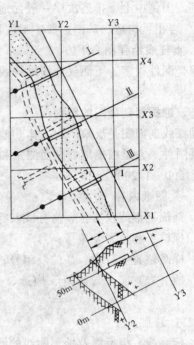

图 7-22 地质界线投绘

4. 在综合分析的基础上，依产状和地质规律，连接矿体及地质界线，并注意与相邻剖面联系对比。

5. 在剖面图的下边绘出勘探线与探矿工程投影平面图（图 7-23）。绘制时，先在平面图图廓的中部绘一条与标高线平行的横线，作为剖面投影线，然后据剖面线与坐标线夹角绘制平面图的坐标线，投影平面图上的工程位置，可以从剖面上直接投影到剖面线上。偏离剖面线的工程应按实际坐标展绘。

6. 在图的右侧可附按工程编制的取样分析结果表。

二、水平断面图的编制

水平断面图又称中段地质平面图，是根据通过同一标高的勘探工程所获得的地质资料经过综合整理编制而成的。它表明在不同标高的水平面上矿体及地质构造特征、矿化分布规律、勘探工程分布等（图 7-24）。一般比例尺为 1:500～1:1000。

（一）图纸内容

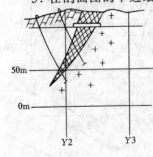

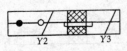

图 7-23 投影平面图的绘制

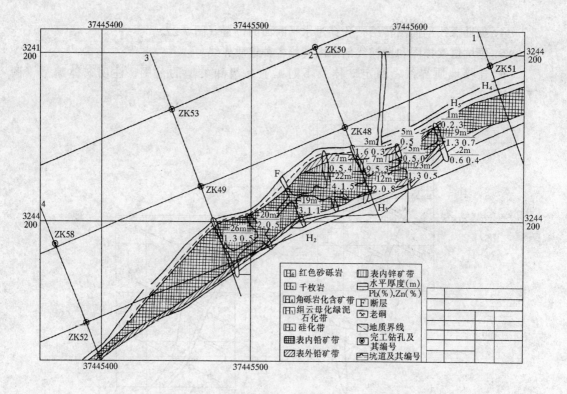

图 7-24 ××铅锌矿区××米标高矿体水平断面图

1．坐标线、勘探线、探矿工程及其编号。
2．各种地质界线、矿体及其编号。
3．矿石类型分布、取样位置及编号。
4．作储量计算时，应表明矿石品级、储量级别、块段及编号、面积及平均品位等。

（二）编图方法

1．首先在图纸上按要求画好坐标网（图7-25）。
2．据勘探线端点坐标，展绘勘探线。
3．据坑道测量结果，展绘坑道测量基点，勾绘坑道水平断面的形状（图7-26）。

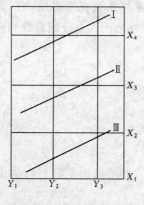
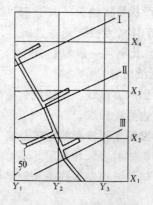

图 7-25　坐标网与勘探线　　　图 7-26　50m中段坑道投绘

97

4．据勘探线剖面图转绘钻孔穿过水平断面的位置（图 7-27）。

5．据坑道素描图和勘探线剖面图转绘各种地质界线。

6．连接地质界线，圈定矿体及不同工业品级和类型的范围，注明矿体编号（图 7-28）。

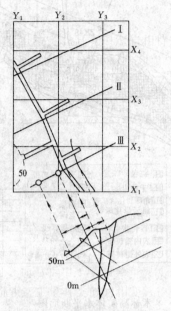 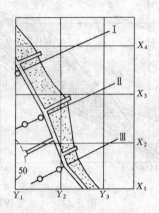

图 7-27　依剖面资料投绘　　　图 7-28　连接地质界线点即为
50m 中段的钻孔位置　　　　　　　50m 中段地质图

7．如作储量计算，需画出采样位置并编号，并画出储量块段、储量级别、面积和平均品位。

有时为了清楚地看到矿体在不同标高的变化情况，可编制"矿体中段联系图"。它的制作方法是将各中段地质图在相应位置按标高并利用透视原理，自上而下排列在一张图上，给人以立体的感觉（图 7-29）。

三、矿体垂直纵投影图的编制

当矿体产状呈陡倾斜（大于 45°）时，可编制矿体垂直纵投影图。它是将矿体各种探矿工程揭穿矿体的点投影到垂直面上，借以圈定矿体范围，划分储量级别而进行储量计算的基本图件。比例尺一般为 1:500~1:1000。

（一）图纸内容

1．投影面的方位线，坐标线，标高线，勘探线。

2．矿体边界投影线。

3．各种勘探工程投影的位置及编号。

4．切割矿体的岩脉和断层。

5．不同储量级别和不同类型、品级矿石的界线，块段面积、平均品位、矿石量、金属量等。

（二）编图方法

1．确定投影面方位

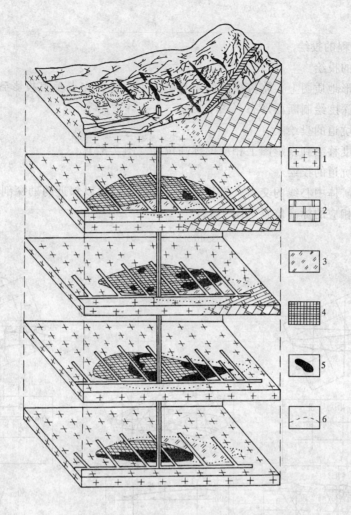

图 7-29 矿体中段联系图

1—花岗闪长岩；2—矽卡岩化白云岩；3—透辉石矽卡岩；4—磁铁矿；5—黄铜矿；6—地质界线

投影方位尽可能平行矿体走向，投影线与矿体走向线的交角一般不大于15°。如果大于15°，可以分段采取不同方向的投影面，但应注意展开后各部分的相互联系。

2．绘制标高线

在图纸上每隔10cm画一条水平线注上标高，即为标高线。标高线位置的选择要适当，不宜偏高或偏低。

3．基线或剖面线的绘制

一般采用勘探剖面线为基线，根据地形地质图将剖面线按比例尺绘制到投影图上，以作为编图的控制网（图7-30）。

4．矿体露头线的投绘

在矿区地形地质图上，将矿体露头中心线与地形等高线的交点投影到投影方位线上，然后将各勘探线上矿体相应点连接，即得矿体出露地形线（图7-31）。

在绘制矿体地表投影线过程中，如果矿体被第四纪沉积层所覆盖，以致失去走向时，投影图上地形可中断；如果矿体为盲矿体或在近地表处尖灭而未出露，则投影图上无需绘此线。

5. 探矿工程的投绘

(1) 探槽的投绘

在矿区地形地质图上，将探槽的两边与矿体中心线的交点垂直投影到投影方位线上，再根据其实际深度绘制断面形态（图7-32）。

(2) 沿脉坑道的投绘

按中段高度移绘到投影图上相应的标高位置（图7-32）。

(3) 穿脉坑道的投绘

将穿脉与矿体中心线的交点，投到投影方位线上，再以邻近的勘探剖面线为控制，绘制到投影图上相应的标高位置（图7-32）。

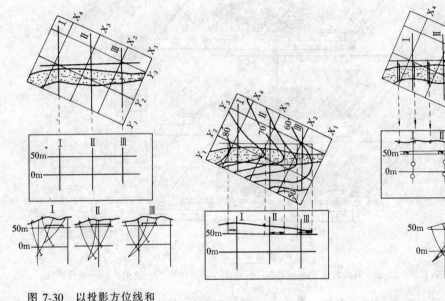

图7-30　以投影方位线和勘探剖面线为基线与标高一起构成作图控制网

图7-31　矿体地表投影线的投绘

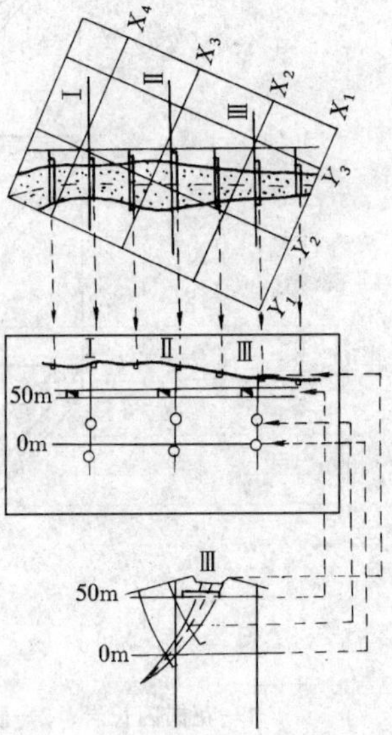

图7-32　探矿工程截穿矿体位置的投绘

(4) 钻孔的投绘

根据勘探线剖面图，把钻孔见矿位置（即钻孔与矿体在倾斜方向的中心线的交点），按所在的勘探剖面和见矿标高移到投影图上，并标明钻孔号、见矿标高（图7-32）。

6. 圈定矿体、划分块段

连接地表工程（探槽、浅井）和地表矿体露头中心线，即得矿体上部投影边界。当矿体呈隐伏状态时，可按勘探线剖面图上圈定的矿体上部边界的标高来确定。

矿体的下部边界，用同样方法进行投影，然后连接而成。左右边界按中段地质平面图上圈定的边界而定。

在确定边界的同时，据矿产工业指标可进一步划分块段、标出各块段储量级别、块段面积、平均品位、矿石储量或金属储量（图7-33）。

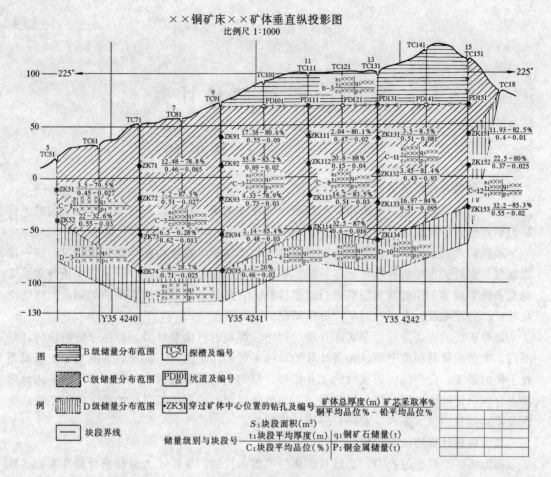

图 7-33 矿体垂直纵投影图

思 考 题

7-1 地质编录工作有哪些基本要求？为什么？

7-2 各种探矿工程地质素描图的编制方法是什么？

7-3 岩芯钻探地质编录的主要内容有哪些？

7-4 编制钻孔剖面图时，为什么要对钻孔弯曲角度进投影校正？具体校正方法有哪几种？并评述各自的优缺点。

7-5 简述勘探线剖面图的编制方法。

7-6 简述水平断面图的编制方法。

7-7 矿体垂直纵投影图有何用途？其编制的基本方法是什么？

第八章 矿产储量计算

第一节 储量计算概述

一、储量及储量计算的意义

矿产储量简称储量，一般指矿产在地下的埋藏数量。计算矿产在地下埋藏数量的工作称为矿产储量计算或储量计算。

地质矿产调查的基本任务之一就是要查明矿产储量。在地质矿产调查工作进行到一定程度时，据对矿床地质构造、矿体特征、矿石质量、加工技术条件、开采技术条件和水文地质条件等地质工作的原始资料进行储量计算。它是某一阶段地质成果的总结。因此它既反映矿产的埋藏量，又反映对矿产分布情况的了解程度。

地质矿产调查各阶段乃至矿床开采过程中，都要进行储量计算，但由于各阶段的任务不同，取得的资料精度不同，储量计算的具体要求和作用也各不相同。为满足国土资源调查工作的需要，应严格按照批准的工业指标，据测定的可靠数据，结合所查明的矿床地质特点合理圈定矿体边界，按不同地段、不同储量级别、不同矿石自然类型、不同工业品级以及不同储量类别（表内、表外）分别计算储量。

二、储量计算的一般过程

在地质矿产调查过程中，通过对矿体的揭露和控制，取得了大量储量计算有关的参数（如厚度、品位、体重）资料，在此基础上再按矿体、分级别、类型计算储量。

计算储量的步骤如下：

（一）计算矿体（块段）体积

1. 利用矿体（块段）的面积乘上平均厚度得到矿体体积，即：

$$V = S \times M \tag{8-1}$$

式中　V——矿体的体积；
　　　S——矿体的面积；
　　　M——矿体的平均厚度。

2. 利用立体几何中各种体积公式计算体积。

（二）计算矿石重量

$$Q = V \times D \tag{8-2}$$

式中　Q——矿石重量；
　　　D——平均体重。

（三）计算有用组分储量（金属量）

$$P = Q \times C \tag{8-3}$$

式中　　P——有用组分的储量（金属量）；

　　　　C——有用组分的平均品位。

三、各种矿产储量种类及计算单位

对于不同的矿种来说，由于它们的性质和用途不同，因而计算储量的种类也不相同，矿产储量的种类分体积储量、矿石储量和金属（或有用组分）储量三类。

矿产储量的单位，因矿产不同分为重量和体积单位。多数矿产以重量计算，通常单位为千克（kg），如黑色金属（铁、锰、铬）、一般非金属（磷灰石、钾盐、石棉等）、稀有分散元素（铌、钽、锗等）、一般有色金属（铜、铅、锌等）、稀少的贵金属（金、银等）；一般建筑材料、石英砂等非金属矿通常只计算体积，单位为立方米（m^3）。

各种矿产都要计算矿石储量，而有色金属、贵金属及稀有分散元素还要同时计算金属储量。

第二节　矿体圈定

储量计算是在矿体的一定界线内进行的，按工业指标的要求，在储量计算图纸上圈出储量计算边界的工作称矿体圈定。

一、矿产工业指标

（一）矿产工业指标的概念

矿产工业指标简称工业指标，它是在当前技术经济条件下，矿产工业部门对矿产质量和开采条件所提出的技术标准或要求。它是评定矿床工业价值、圈定矿体、划分矿石类型和品级、计算矿产储量应遵循的标准。

矿产工业指标有两类：一类是一般性工业指标，由国家主管部门制定，供普查或详查阶段评价矿床和计算储量时参考。另一类是矿床具体的工业指标，是根据国家的各项技术经济政策、资源情况、开采和加工技术水平，由地勘单位提出初步意见，经设计部门提供经济技术论证，报请主管机关批准后下达给地质勘探部门。它是供矿山建设、设计的地质勘探报告中评价矿床、圈定矿体、计算储量的具体矿产工业指标。

（二）矿产工业指标的内容

一般包括以下内容

1. 边界品位

又称边际品位，是圈定矿体时对单个样品有用组分含量的最低要求，是圈定矿体与围岩或夹石的分界品位。边界品位下限不得低于选矿后尾矿中的含量，一般应比选矿后尾矿品位高 1~2 倍。边界品位的高低将直接影响矿体的形态、矿体的平均品位和储量。

2. 工业品位

又叫最低工业品位，它是单个工程中有工业意义的有用组分平均含量的最低要求。它也是最低可采品位，是在当前技术经济条件下开发这类矿产，在技术上可行、经济上合理的品位。工业品位的高低直接影响表内（能利用）储量和表外（暂时不能利用）储量的比例，过高过低都不行。最佳的工业品位应是既能使富矿顶底板的贫矿尽可能多地列入表内储量中，又能保证将表外的贫矿地段圈定出来。

3．可采厚度

又称最小可采厚度，是指矿石质量符合要求时，在一定经济技术条件下，有工业开采价值的单层矿体的最小厚度。它可作为区分表内、表外储量的标准之一。一般情况下，小于这一厚度的矿体不能称做工业矿体。

4．最低工业米百分值

简称米百分值或米百分率，它是最低工业品位与最小可采厚度的乘积。它仅在圈定厚度小于最小可采厚度，而品位大于最低工业品位的矿体时使用。在此前提下，如果矿体厚度与品位乘积大于或等于这一指标时，可将这部分矿体视为工业矿体，其储量划入表内储量范围。

在使用这个指标时，不能将厚度很大而品位很低的矿脉列为工业矿体。

5．夹石剔除厚度

又称最大允许夹石厚度，它是根据开采技术条件和矿床地质条件，在储量计算圈定矿体时允许圈入夹石的最大允许厚度。厚度大于或等于这一指标的夹石，应予剔除，反之则合并于矿体中计算储量，但并入时必须保证块段平均品位不能低于工业品位的要求。

6．有害杂质最大允许含量

是指对矿产品质量和加工过程起不良影响的组分允许的最大平均含量。有害杂质的存在，不仅影响到有益组分选冶，还会提高成本，降低产品质量。在储量计算时，对有害组分含量高的矿体，应列入暂时不能利用的储量。

7．伴生组分最低含量

分有用组分和有益组分。伴生有用组分是指在加工主要组分时，可以顺便或单独提取的组分，如某些铁矿石中的钒、磷矿石中的碘、锌矿中的镉等。伴生有益组分是指有利于主要有用组分加工后产品质量提高的组分，如某些铁矿石含有达不到回收标准的稀土、硼等元素，但在冶炼时进入钢铁，从而可以提高钢铁产品的质量。

伴生组分最低含量就是对伴生有用组分和伴生有益组分含量的最低要求。

二、矿体边界线的种类

矿产储量计算是在矿体的一定界线内进行的，故在计算之前，必须圈定出矿体的各种边界。这些边界线按其性质和作用不同，可分为以下几种：

1．可采边界线　可采边界线是按最小可采厚度和最低工业品位或最低工业米百分值所确定的基点的连线。它是工业矿体的边界线或是能利用储量的边界线。

2．暂时不能利用储量的边界线　这条界线是根据边界品位圈定的，此线与可采边界线之间的储量为暂时不能利用的储量（表外储量）。

3．矿石类型边界线　即在矿体内不同矿石类型各点的连线。

4．矿石品级边界线　即在矿体内不同矿石品级各点的连线。

5．储量级别边界线　按不同储量级别所圈定的界线。如 A、B、C、D 级储量的分界线。

6．内边界线与外边界线　内边界线是矿体边缘见矿工程控制点连接的界线，在储量计算图上多不表示。外边界线是根据边缘见矿工程向外或向深部推断确定的边界线。

三、矿体边界线的确定方法

矿体的圈定一般首先在单项工程内进行，其次再根据单项工程的界线在剖面图上或平面图上确定矿体的边界。

（一）零点边界线的确定方法

1．中点法

当两个工程中的一个见矿，而另一个未见矿时，可将两工程间中点作为其间矿体的尖灭点，即零点边界基点。

2．自然尖灭法

自然尖灭法主要是根据矿体厚度或有用组分的自然尖灭规律，由见矿工程向外延伸至逐渐的自然尖灭处，作为零点边界基点（图8-1）。

3．地质推断法

根据所掌握的控矿地质规律和矿体变化规律，推定矿体边界。

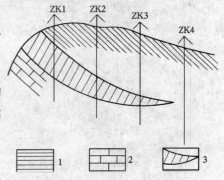

图 8-1 矿体自然尖灭界线
1—页岩；2—灰岩；3—矿体

（1）根据岩性推断：当矿体的形成与某类岩石分布有关时，矿体的边界可根据岩性递变处作为矿体的边界（图8-2）。

（2）根据构造推断：当矿体的分布受某一类构造控制时，应研究构造的性质和特征，对矿体进行推断（图8-3）。

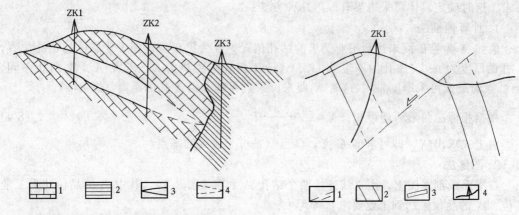

图 8-2 据岩性特征推断矿体边界　　　　图 8-3 据构造特征推断矿体边界
1—灰岩；2—页岩；3—控制矿体界线；4—推断矿体边界　　1—断层；2—矿体；3—探槽；4—钻孔

（3）根据近矿围岩蚀变特征推断：当矿体的形成与某种蚀变有关时，可根据蚀变带的特点、规模去推断矿体边界（图8-4）。

（4）根据矿体本身变化规律来推断：当矿体形态十分规律时可根据形态的变化规律去推断矿体边界（图8-5）。

4．几何法

当不能用地质法推断时，可根据几何法推断矿体的边界。

（1）在见矿工程以外，无限外推边界时，一般推出工程间距的一半或四分之一。

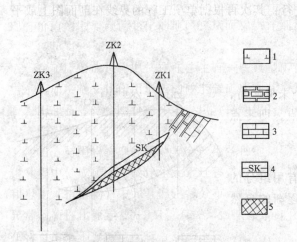
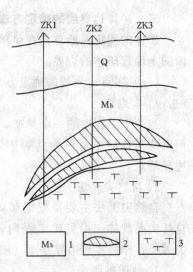

图 8-4 据围岩蚀变特征推断矿体界线
1—闪长岩；2—大理岩；3—石灰岩；4—矽长岩；5—矿体

图 8-5 据矿体变化推断矿体边界
1—大理岩；2—矿体；3—闪长石

（2）如果工程为坑道，可向下外推一至两个中段高，具体如何外推视矿体变化情况而定。

（3）根据矿体地表出露长度向深部外推时，外推出露长度的四分之一到二分之一。

（二）可采边界线的确定方法

在矿体的相邻两个工程中，一个工程的矿石品位达到工业品位，另一个则未达到工业要求，这时确定具体可采边界有以下几种方法：

1. 计算内插法

假如 A 为见矿而未达到工业要求的钻孔位置，B 为见矿且达到工业品位的钻孔位置，A 孔的厚度为 m_A，B 孔的厚度为 m_B，A、B 两孔间距离为 R，若在 A、B 两孔中间，令 C 点为最低可采厚度 m_E，这时 X 即为可采边界基点距 A 孔的距离（图 8-6）。

根据相似三角形原理可知：$X = \dfrac{m_B - m_E}{m_B - m_A} R$ (8-4)

由上式求出 X，即可求出 C 点，C 点就是可采边界的基点。

2. 图解法

在平面或剖面图上，用直线连接两个钻孔 A 和 B（图 8-7），其中 B 的品位达到工业品位，A 的品位未达到工业要求。

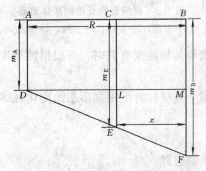

图 8-6 计算内插法确定边界基点

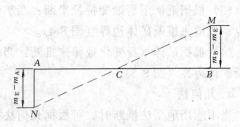

图 8-7 图解法确定边界基点

首先在 B 孔位置按一定比例尺向上作 BM 垂线，令其等于 ($m_B - m_E$)，同法，在 A 孔位置向下作垂线 AN，令其等于 ($m_E - m_A$)，这时连接 MN 两点，与 AB 的交点 C 就是所求的矿体可采边界基点。

3. 平行线移动法

首先在透明纸上以适当的等间距作一系列平行线，每一条平行线都标明品位数据（0.5%，1.0%等）（图 8-8）。

设矿体的工业品位为 1.0%，两钻孔 A 和 B 的品位为 0.5% 及 3.0%。为了求出 A、B 两孔间可采边界，将透明纸覆盖在地质平面图上，并使 0.5% 的线与 A 点相交，然后以 A 点为中心转动平行线，使 B 点落在 3.0% 的线上，这时与 1.0% 线相交的点 C 即为可采边界的基点。

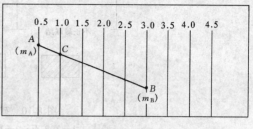

图 8-8　平行移动法求边界线基点

（三）矿石类型和品级边界线的确定

矿石类型界线指矿石自然类型，如氧化矿石、混合矿石、原生矿石边界线。

在圈定界线时应考虑到地形地貌及水文地质条件，一般应与地面或地下水面平行（图 8-9）。

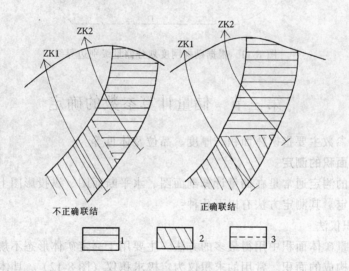

图 8-9　矿石类型界联结
1—氧化矿石；2—混合矿石；3—矿石类型界线

矿石品级界线的圈定，是在单个工程圈定矿体的基础上，将剖面图及平面上相邻工程中品级界点相联结，即得品级界线。相联结时应考虑矿体的产状及品位分布规律，特别是研究相邻剖面的资料（图 8-10）。

（四）储量级别界线的确定

根据矿体特征和工程控制程度，考虑勘探网度、矿体外推性质、连矿的可靠性等因素来划分（图 8-11）。

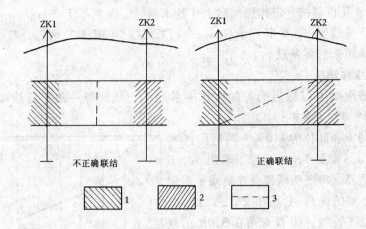

图 8-10 矿石品级界线的联结
1—富矿石；2—贫矿石；3—矿石品级界线

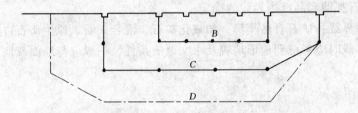

图 8-11 根据勘探网度划分储量级别边界线

第三节 储量计算参数的确定

储量计算参数主要指矿体面积、厚度、品位及体重等。

一、矿体面积的测定

矿体面积的测定通常是在储量计算剖面图、水平断面图、纵投影图上对已圈定好的矿体面积进行测定。其测定方法有以下几种：

（一）求积仪法

此法是测量矿体面积中用得最多的方法。主要用于测定矿体形态不规则，边界线由形态复杂的曲线构成的面积。常用的求积仪为定极求积仪（图 8-12）。具体测量方法，参见仪器说明书。

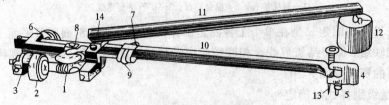

图 8-12 定极求积仪
1—读数圆盘；2—读数小轮；3—读数游标；4—手柄；5—手柄支柱；6—制动螺旋；
7—微动杆制动螺旋；8—航臂游标；9—微动螺旋；10—航臂；11—极臂；
12—极座（极点）；13—航针；14—旋点

（二）曲线仪法

曲线仪是一种测量曲线长度的仪器（图8-13），也可用其间接测量面积。其测量方法是：

用透明纸一张，上面等间距（如1cm）画有一系列平行线，将其蒙在所测定面积上（图8-14），用曲线仪测出面积内平行线的总长，用总长乘上平行线间距，并作比例尺换算即得所测图形的面积。当平行线间距为1cm时，所测直线总长即为所测图形面积。

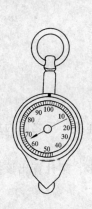
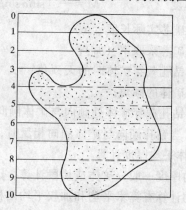

图8-13 曲线仪　　　图8-14 用曲线仪在透明纸上测量面积

精度要求越高，则平行线间距越小。为保证精度，可改变方向测量三次，最后取其平均值。

（三）方格纸法

用一张透明方格纸，在每个方格（边长为1cm或0.5cm）中心或角点上作一小点，然后将它蒙在测量面积上（图8-15），数出图形边界内的点数（即方格数），若点落在边界上只算半点，这样就可换算成面积。

$$S = \frac{Na^2}{(100M)^2} \quad (8-5)$$

式中　S——测定的面积（m^2）；

N——图形内的点数；

a——每个方格的边长（cm）；

M——图形比例尺（如1/1000、1/2000）。

为了提高精度，可在不同位置测定三次求平均值。此法简便易行，应用极广。

（四）几何图形法

此法主要用于矿体（块）面积呈规则几何图形时，将欲测面积划分为若干三角形、矩形或梯形后，用几何公式计算面积。

图8-15 方格透明纸法测量面积

二、矿体厚度的测量

矿体厚度的测量是在矿体露头上、坑道中和据钻孔中所获资料进行的。

（一）矿体厚度的测定

1．坑道中矿体厚度的测定

当矿体与围岩界线清楚时，采样或编录时可以直接测得矿体的厚度。

如果矿体与围岩界线不清时，须根据取样结果来确定矿体厚度。当所测得的厚度是假厚度，还需要进行换算。

2．钻孔中矿体厚度的测定

由于钻孔钻进矿体时均在地下深处，只能间接测量矿体厚度，一般情况下，钻孔截穿矿体处（图 8-16），矿体真厚度按下式计算：

矿体真厚度 $$M = \frac{L}{n}(\sin\alpha\sin\beta\cos\gamma \pm \cos\alpha\cos\beta) \tag{8-6}$$

式中 L——矿芯实际长度（m）；

n——矿芯采取率（%）；

α——钻孔截穿矿体时的天顶角；

β——矿体的倾角；

γ——钻孔截穿矿体处倾向与矿体倾向的夹角。

上式中，当钻孔倾向与矿体倾向相反时，前后两项为正号连接，反之则为负号连接。

（二）矿体平均厚度计算

矿体平均厚度一般分矿体或块段计算。因测定的参数值较多，须计算出该参数的平均值。平均值的计算有算术平均和加权平均两种方法。

1．算术平均法

当矿体厚度变化较小、厚度测量点分布比较均匀时，可用算术平均法计算平均厚度。其计算公式为：

$$m = \frac{1}{n}(m_1 + m_2 + \cdots + m_n) \tag{8-7}$$

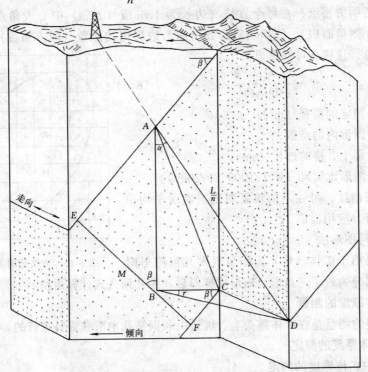

图 8-16 钻孔不垂直矿体走向时矿体厚度的计算图示

式中　　　　m——矿体平均厚度（m）；

n——测点个数；

m_1、m_2……m_n——各测点矿体厚度（m）。

2．加权平均法

当矿体的厚度变化较大、且矿体厚度测点不均匀时（图 8-17），常用各测点的控制长度作各厚度值的权数，用加权平均法来计算平均厚度。其计算公式为：

$$m = \frac{m_1L_1 + m_2L_2 + \cdots\cdots + m_nL_n}{L_1 + L_2 + \cdots\cdots + L_n}$$

(8-8)

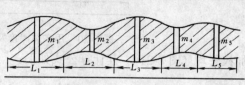

图 8-17　控制长度加权计算平均厚度

式中　L_1、L_2……L_n——各测点的控制长度。

三、矿石平均品位计算

每个样品的品位是据化学分析结果得来的，储量计算时须计算出矿石的平均品位。下面分单工程、断面、块段和矿体分别计算。

（一）单工程平均品位计算

单个工程中（钻孔、穿脉、浅井、探槽等）的平均品位计算，常用算术平均法和加权平均法。具体计算方法与平均厚度计算相似。

（二）断面平均品位计算

一般采用加权平均计算，计算方法如下：

$$C = \frac{C_1m_1 + C_2m_2 + \cdots\cdots + C_nm_n}{m_1 + m_2 + \cdots\cdots + m_n}$$

(8-9)

式中　　　　C——矿石平均品位（%）；

C_1、C_2……C_n——每个样品的品位值（%）；

m_1、m_2……m_n——各样品所代表的矿体厚度（m）（图 8-18）。

同理，也可用样品控制长度加权（图 8-19），甚至以样品控制长度和厚度两参数之乘积联合加权（图 8-20）。

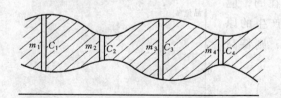

图 8-18　用矿体厚度加权计算平均品位

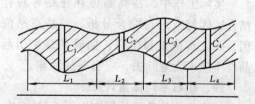

图 8-19　用控制长度加权计算平均品位

（三）块段平均品位计算

块段平均品位计算有两种：

1．对于品位变化不大的块段，多采用算术平均法。

2．对于品位变化与某些因素（如厚度、面积）相关，一般以影响因素作权数，进行

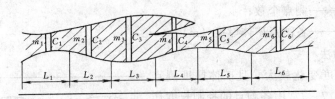

图 8-20 用矿体厚度及控制长度加权计算平均品位

加权平均（图 8-21）。其计算公式如下：

$$C_{块} = \frac{C_1 S_1 + C_2 S_2}{S_1 + S_2} \tag{8-10}$$

式中　C_1、C_2——为Ⅰ、Ⅱ两断面平均品位；

　　　S_1、S_2——为Ⅰ、Ⅱ两断面的面积（或厚度 m_1、m_2）。

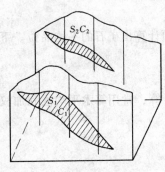

图 8-21　块段平均品位计算

（四）矿体平均品位计算

矿体平均品位计算，可用块段体积与品位加权计算，也可用算术平均法计算。

（五）特高品位的确定与处理

当某些样品的品位高出一般样品品位很多倍，这样的品位称为特高品位。这种情况是由个别样品取于矿化局部富集的地方而产生的。由于特高品位的存在会引起平均品位的剧烈增高，因此在平均品位计算时，必须对特高品位进行处理。

为了检验特高品位是否属实，要对样品的化验、取样进行慎重分析、检查。如确为特高品位，处理方法有以下几种：

1．计算平均品位时，把特高品位除去。

2．用特高品位的两相邻样品的平均品位代替特高品位。

3．用特高品位范围内的块段或断面平均品位代替特高品位。

4．用一般品位的最高值代替特高品位。

5．用统计法统计不同级别的频率，即求出每一级样品品位数量与样品总数之比，也就是样品率，然后再用每一级样品率去加权计算平均品位。

实际工作中，特高品位往往是客观存在的，应结合矿区特点进行综合分析，对特高品位产生的原因，要认真检查和研究，如确系富矿引起，则特高品位不应人为地除去，应当参加计算。

四、矿石平均体重计算

矿石平均体重的计算有以下三种方法：

1．当矿石品位变化很小或储量级别不高时（如普查阶段），可用算术平均法。

2．当矿石品位与体重之间有函数关系时，可将品位与体重的关系画出曲线（图 8-22）。使用时依曲线取相应的体重值。

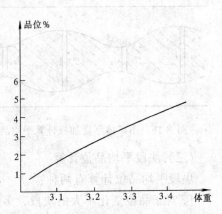

图 8-22　品位与体重关系曲线图

3. 若两断面内体重值相差很大时，则以断面的体重与面积加权平均计算。

$$D = \frac{D_1 S_1 + D_2 S_2}{S_1 + S_2} \tag{8-11}$$

式中　D——断面的平均体重；

D_1、D_2——Ⅰ、Ⅱ断面的平均体重；

S_1、S_2——Ⅰ、Ⅱ断面面积。

第四节　储量计算方法

自然界绝大多数矿体的形状复杂，鉴于这种情况，所有固体矿产储量计算方法遵循的一个基本原则，就是把形状复杂的矿体变为与该矿体体积大致相等的简单形体，从而便于确定体积和储量。就固体矿产而言，其储量计算方法已达十几种。随着科学技术的发展，计算机的广泛应用，相继出现了许多种现代统计分析方法，如相关分析法、距离加权法、克立格法、SD法等。尤其值得一提的是SD法，它是我国科技工作者在继承和改造传统储量计算方法的基础上新近创立的。它使计算过程全部实现计算机化，而且这种方法适用性广，方法灵活多用，计算结果精确可靠，真正实现矿产储量计算的科学化和自动化。

本教材主要介绍传统的几何学方法，即算术平均法、地质块段法和断面法三种。它们的优点是易于掌握，仍是目前储量计算的重要方法，也是现代统计分析法的基础。

一、算术平均法

算术平均法是把一个形状复杂的矿体，变为一个厚度和质量一致的板状体（图8-23），分别求出算术平均厚度，平均品位和平均体重，在此基础上计算储量。

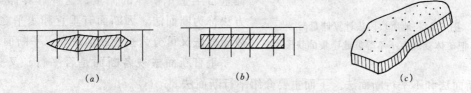

图 8-23　用算术平均法把复杂矿体变为简单板状体

(a) 勘探剖面图；(b) 计算时变为等面积的简单矿体；(c) 计算后简单板状矿体

具体计算方法是：

首先在储量计算平面图上，圈定矿体，测量矿体面积，然后用算术平均法求出矿体的平均厚度 (m)，平均品位 (C) 和平均体重 (D)。

按下式计算体积、储量和有用组成的金属量：

$$V = S \times m \tag{8-12}$$
$$Q = V \times D \tag{8-13}$$
$$P = Q \times C \tag{8-14}$$

式中　V——矿体的体积；

　　　S——矿体的面积；

　　　Q——矿石的重量；

P——金属的重量。

算术平均法计算储量的优点是方法简单，不需作复杂图纸，适用于矿体厚度变化较小、勘探工程分布比较均匀、矿产质量及开采条件比较简单的矿体。这种方法多用于矿产调查初期阶段。

二、地质块段法

地质块段法是根据矿床地质特点和条件（如矿石品级、自然类型、储量级别、矿床开采技术条件及水文地质条件等）或勘探程度把矿体划分成若干小块段，在每个块段内用算术平均法计算储量。这样一来，矿体就被划成若干个厚度不一、内部质量均匀、紧密相连的板状体（图8-24）。

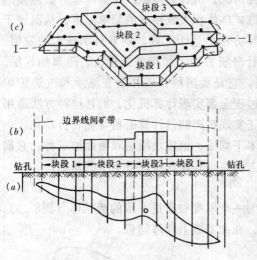

地质块段法可用于任何形状的矿体，矿体的大小及勘探工程布置，对其没有影响，它具有算术平均法的所有优点，即计算简单，不需作复杂的图纸，并克服了算术平均法不能按矿石类型、品级划分块段的缺点。不足是当勘探工程密度不大且分布不均匀，特别是有用组分变化较大的情况下，计算精度不够。

三、断面法

在已勘探的矿床中，利用勘探线剖面图或水平断面图把矿体划分为若干块段，以这些断面图为基础，计算相邻两断面间的矿块储量乃至整个矿体的储量，这种计算储量的方法称为断面法。因断面有垂直和水平之分，故断面法又可分为垂直断面法和水平断面法。

垂直断面法视各断面是否平行，又分为平行断面法和不平行断面法。下面主要介绍平行断面法。

图8-24 地质块段法计算储量时，把矿体变成大小不等彼此密集的块段

1．利用相邻两剖面计算储量

首先在勘探剖面图上测量矿体断面面积，然后再计算相邻两断面间各块段的体积。计算体积时通常有以下几种情况：

（1）当相邻两断面的矿体形状相似，且其相对面积 $[(S_1-S_2)/S_1]$ 小于40%（图8-25），用梯形体积公式计算体积，即

$$V = \frac{1}{2}L(S_1 + S_2) \quad (8\text{-}15)$$

式中　L——相邻两剖面间的距离（m）；

　　　S_1、S_2——相邻两剖面上矿体的面积（m²）。

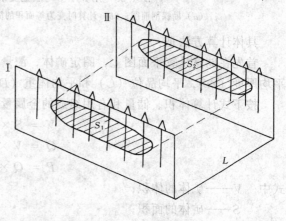

图8-25 梯形块段

(2) 当相邻两断面的矿体形状相似，且其相对面积差大于 40% 时（图 8-26），选用截锥体积公式，即

$$V = \frac{1}{3}L(S_1 + S_2 + \sqrt{S_1 \times S_2}) \tag{8-16}$$

式中各符号意义同前。

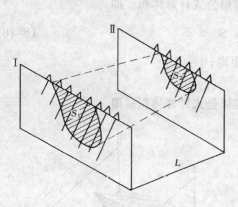

图 8-26 截锥形块段

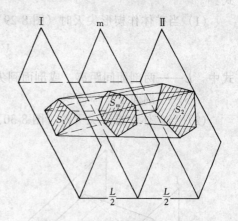

图 8-27 拟角柱体及其平均断面

(3) 当相邻两断面矿体形状不同（图 8-27），无论面积相差多少，应选用似角柱体（辛浦生）公式，即

$$V = \frac{1}{6}L(S_1 + S_2 + 4S_m) \tag{8-17}$$

式中 S_m——似角柱体的平均断面积（m^2）；其他符号意义同前。

平均断面（中间断面）的面积确定：

取一张透明方格纸平行坐标方向，蒙在其中一张剖面上，使矿体居于方格透明纸中央，描出矿体边界，如图 8-28 (a) 中 abcd，然后将该透明纸按同一方向盖在另一张剖面上，并使矿体居图纸中央，描出边界；如图 8-28 (a) 中 efghi。用直线（图中虚线）连

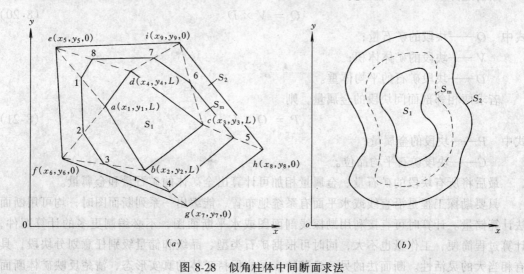

图 8-28 似角柱体中间断面求法

(a) 多边形断面；(b) 圆滑曲线断面

接两个剖面上矿体边界的对应点,并找出连线的中点,如图8-28(a)中1、2、3、4、5、6、7、8各点,连接各中点得一多角形,此即平均断面(面积为S_m)。如果两剖面矿体边界为圆滑曲线,可用中点插入方法(图8-28(b)),绘出中间断面。

2. 当矿体只有一个剖面控制时,另一剖面上矿体已尖灭,其体积计算可选用以下公式:

(1)当矿体作楔形尖灭时(图8-29),可用楔形公式计算体积,即

$$V = \frac{1}{2}L \times S \tag{8-18}$$

式中 L——两剖面间距离,或剖面到尖灭点间距离;
S——剖面上矿体面积。

(2)当矿体作锥形尖灭时(图8-30),可用锥体公式计算体积,即

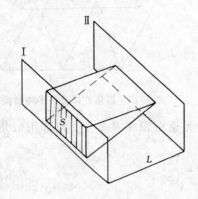
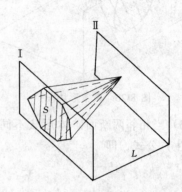

图8-29 楔形体积　　　　　　　图8-30 锥形体积

$$V = \frac{1}{3}L \times S \tag{8-19}$$

式中符号意义同前。

用前述方法求得的块段体积乘以平均体重,即得出块段的矿石量。即

$$Q = V \times D \tag{8-20}$$

式中 Q——块段的矿石量;
V——块段的矿体体积;
D——块段矿石的平均体重。

若求两相邻剖面间块段的金属量,则

$$P = Q \times C \tag{8-21}$$

式中 P——块段的金属量;
C——块段矿石平均品位。

最后将所有块段的矿石量、金属量相加可计算出全矿体的矿石量和金属量。

只要勘探工程是沿直线或水平面有系统地布置,能编出一系列断面图时,均可用断面法计算储量。计算时可直接利用勘探线剖面图或水平断面图,不必编制更多的计算图件,计算过程简便,工作量也不大,同时可根据矿石类型、品级和储量级别任意划分块段,具有相当大的灵活性。断面法的另一显著特点是能保持矿体的真实形态,清楚反映矿体断面地质构造特征,从而具有足够的准确性。

断面法的实质是把断面上工程中的品位推断到断面面积和块段体积上去，因而有外延误差，对此应有所认识。

总之，用上述三种计算储量的方法，都存在一个计算精度的检验。它们都没有给出衡量估计精度的标准，很难说一种方法就比另一种方法好。只有在实践中，用不同的计算方法的计算结果加以对比，如果储量的相对误差小，就认为精度高、方法可行。

思 考 题

8-1 矿产储量计算的一般过程是什么？
8-2 矿体边界线的种类、意义、各自用什么方法确定？
8-3 何为矿产储量计算参数？它包括哪些主要内容？说明各种参数的确定方法。
8-4 目前常用的储量计算方法有哪些？它们各自的计算步骤、优缺点和适用条件是什么？

第九章　地质设计与地质报告编写

第一节　地 质 设 计 的 编 写

一、地质调查设计的编写

（一）地质调查设计编写的目的和要求

地质调查设计是地质调查工作计划的依据，必须根据上级下达的任务，按有关规范或规定的要求，结合工作地区的实际情况编写。编写时应做到任务明确、重点突出、方法合理、布置得当、措施具体、文字简明扼要。

（二）地质调查设计的基本内容

地质调查设计包括文字部分、图件部分及附表等三部分。

1. 文字部分包括以下内容

（1）绪言　包括目的任务，工作区地理、经济状况，以往地质工作评述。

（2）工作区地质特征　包括地层、构造、岩浆岩特征，地球物理和地球化学特征及主要异常区，主要矿点地质特征、成矿条件及找矿标志。

（3）工作部署及工作方法　根据设计的目的、具体条件确定总体工作部署。详细说明各项工作具体布置、工作方法、技术措施及工作量等。如地质测量比例尺、范围、面积、图幅编号、剖面地点选择及测制，地质测量方法及精度要求等。

设计中所要布置的工作主要有：地质测量、物化探、重砂测量、砂点检查、探矿工程、取样及地质编录。

（4）工作组织及计划　主要对人员、设备器材、工作时间及经费作出安排，制定工作时间安排表及费用预算表。

2. 图件部分

主要包括1:50000或者1:10000矿产地质图、测区工作程度图、交通位置及工作布置图、物化探及重砂异常图、矿点检查大比例尺地质图及剖面图、地质调查钻孔设计理想柱状图。

3. 附表

主要包括各类人员一览表、仪器设备及主要材料明细表、实物工作量一览表、储量预算表等。这些附表需按年度分列，实物工作量表一般按施工顺序，分季、年度分列。

二、矿产勘查设计的编写

（一）矿产勘查设计编写的目的和要求

矿产勘查设计是根据国家对矿产资源的需求及上级下达的任务，在矿区评价的基础上对所选定的勘查地区，应用各种勘查技术手段和方法对矿床地质和技术经济特征，进行全面调查研究的一项总体计划。它是组织和实施矿产勘查的依据。必须认真做好矿产勘查设计的编写。编写时应注意充分考虑矿山设计和生产部门对矿产勘查资料的要求，详细研究前人资料，在充分讨论、反复比较论证各种方案的基础上，确定一个合理的设计方案。对设计的各种勘查手段和方法要有明确目的、地质依据和质量要求。对设计实施过程中可能出现的情况要有一定的预见性，或根据实际情况及时修改设计。

（二）矿产勘查设计的主要内容

矿产勘查设计主要包括文字部分、图件部分及附表部分。

1．文字部分　它是矿产勘查设计的主要部分。包括以下内容：

（1）绪言　包括目的任务，勘查地区地理、经济情况及以往工作评述。在目的任务中主要说明矿产勘查的任务，生产设计部门对勘查的要求及预期地质成果，提交矿产勘查报告的时间。

（2）地质特征　主要说明勘查区区域地质特征、矿床地质特征及水文地质特征。重点是矿床地质特征，包括地层、构造、岩浆岩，以及矿体的形状、产状、大小、数量及分布情况，矿石的矿物成分、化学成分、结构构造、矿石类型、级别及分布规律、有益有害组分赋存状态、含量及变化规律、矿床成因及找矿标志。

（3）工作部署及工作方法　主要包括矿产勘查的总体布置，矿产勘查类型，勘探工程的布置形式，工程类型及间距，勘查工作方法，储量预算等。其重点是勘查工作方法，包括地形、地质测量，物化探、探矿工程、水文地质、采样及编录等工作的目的、任务、工作量及质量要求。

（4）工作组织管理及技术措施　主要包括机构设置及人员配备，设备物资，交通运输，临时住房及岩芯库修建，技术管理及安全措施，经费预算等方面的内容。

2．图件部分　主要包括：交通位置、地质研究程度及工作布置图，区域地质矿产图，矿床地质图及探矿工程布置图，物化探成果图、水文地质研究程度及工作布置图，设计勘探线剖面图，各种探矿工程设计剖面图及柱状图、储量预算平面图等。

3．附表部分　包括各类人员一览表，仪器设备及主要材料明细表，各项实物工作量一览表，各种费用预算表，储量预算表等。各种附表需按年度分列，实物工作量表按施工顺序并分年、季列表。

第二节　地质报告的编写

一、地质调查报告的编写

地质报告是在地质调查设计的基础上，通过野外地质调查和室内资料整理之后进行编写的。编写的主要内容包括文字部分、图件部分和附表部分。

（一）文字部分

1．绪言　包括地质调查的目的任务，工作时间，获得的主要地质成果（或储量），地理位置及自然经济概况等。

2．区域地质概况　包括区内地层的出露、特征及分布；区内构造特征、主要褶皱及断裂特征；区内岩浆岩及岩浆活动；区域成矿地质条件、主要矿化类型及成矿预测；地质发展史等。

3．矿点检查或矿区评价概况　主要包括矿点位置，含矿地层、构造及岩浆岩特征，矿点（床）规模，矿体数目、产状、形态、空间分布，矿石的结构、构造、矿物成分及含量；矿石中有益、有害、伴生组分的含量及分布；矿体围岩的性质；矿床成因及找矿标志，预算储量及下步工作意见等。

4. 完成各项地质工作情况　包括各种比例尺地质测量，物化探，探矿工程的工作方法、工作量及质量，取样化验结果等。

5. 结论　简要说明取得的地质成果，区域成矿规律及远景，存在的主要问题及对今后地质工作的意见。

(二) 图件及附表部分

图件及附表主要有区域地质图及综合地层柱状图，区域成矿预测图，矿点（区）大比例尺地质图，勘探线剖面图或地质剖面图，取样平面图、典型钻孔柱状图或坑道展开图及槽、井探素描图，化验分析结果表、完成工作量一览表等。

二、矿产勘查报告的编写

矿产勘查报告是在矿产设计的基础上，通过矿产勘探后进行编写的。矿产勘查报告（也可称为矿床勘探报告）主要内容包括文字、图件及附表三部分。

(一) 文字部分

1. 前言　包括工作目的任务、时间、探明的各级储量；行政区位置、地形、气候、交通经济情况、开采情况等。

2. 矿区外围地质　矿区区域地质情况、成矿条件、区内主要矿产评述及地质发展史。

3. 矿区地质　包括矿区地质特征、矿床地质特征，其中矿区地质特征侧重于矿区宏观地质特征。矿床地质特征需要比较详细地描述矿体规模、数量、产状、形态、空间位置、分布规律及相互关系，各矿体的长度、延伸、厚度及走向、倾向的变化，矿体围岩及蚀变特征，矿石的矿物成分、结构、构造、粒度及共生组合关系，矿石中的有益、有害、伴生组分及其含量和变化规律，矿体分带及自然类型、工业品级及空间分布，矿床成因及控矿因素、找矿标志等。

4. 水文地质　简要说明工作目的方法、完成的工作量。区域水文地质、矿区水文地质、矿坑涌水量预算、结论及意见。

5. 地质勘探工作　主要包括矿区勘探方法和工作情况、钻探、坑道、物化探工作方法、数量、质量评述。采样，化验及岩矿鉴定的方法、数量及质量。

6. 矿床开采技术条件和矿石加工技术特性　矿床开采技术条件包括顶底板岩石的节理、裂隙发育程度和分布规律，岩石和矿石的物理性质（包括体重、湿度、块度、硬度、抗压强度、松散系数等），顶底板或近矿围岩的稳定性等。矿石加工技术特性包括采样方法、样品代表性及试验结果，矿石综合利用途径。

7. 储量计算　简述储量计算概况，如储量计算的范围、参与计算的矿体数、计算标高及储量分布范围。具体包括储量计算的工业指标，储量计算方法、计算参数、级别及块段划分原则，储量计算结果，伴生组分储量计算。

8. 结论　主要包括矿床地质的研究和控制程度，矿床形成的基本规律和远景评价，矿床勘探中的主要经验及存在的问题，对今后矿山地质工作的建议。

(二) 图件部分

主要有矿区区域地质图、矿区地形地质图、勘探线剖面图、储量计算图、水文地质图、代表性钻孔柱状图及坑道工程素描图等。

（三）附表及附件部分

主要包括样品分析结果表，储量计算表，钻探工程一览表，矿（岩）石物理性质成果表，水质分析、抽水试验、涌水量计算成果表；工业部门下达的工业指标、矿石加工技术试验报告、地质、设计和生产部门有关矿区（床）问题讨论的意见书。

思 考 题

9-1 什么是地质设计？怎样编写地质设计？
9-2 什么是地质报告？地质报告有哪些类型？
9-3 地质调查设计与地质调查报告有什么区别与联系？
9-4 矿产勘查报告的主要内容有哪些？

附录 实训教材

实训一 找矿地质条件分析与找矿远景区圈定

一、目的要求

通过对某地区地质资料的阅读和地质图件的认识,分析该地区的找矿地质条件,并圈定内生金属矿床找矿远景区。

二、实训资料

(一)江苏省宁镇地区矿产图,比例尺1:50000(附图1-1,见后插页)

(二)区域自然地理及地质、矿产概况

1. 自然经济地理概况

本区位于长江下游,行政区划属江苏省句容市,区内水陆交通便利,宁沪铁路、宁杭公路通过境内,水路交通主要有长江及其支流。区域地形为低山丘陵,山体走向近东西,标高一般在100~200m,区内最高峰九华山434m。本区气候温和湿润,具明显季节性变化,属季风副热带湿润气候,年平均气温15.2℃,年平均降雨量1034mm,无霜期206~223d。副热带植物发育,种类繁多。本区地处某大城市附近,工业发达,商业繁华,目前已建有国营矿山三处,县办矿山多处,农闲季节可提供大量劳动力开发矿业。

2. 区域地质及矿产概况

本区域属扬子准地台下扬子坳陷宁镇穹断褶束。其北缘与苏北坳陷相接,南侧为句容盆地。区内自震旦纪至三迭纪长期坳陷,发育一套海相稳定沉积。印支运动晚期开始褶皱隆起,燕山运动时期褶皱及断裂断续加剧,火山及侵入活动频繁,形成较多的内生矿床。在成矿带的划分上,本区属长江中下游铁铜成矿带,宁镇铁铜多金属成矿亚带,可能是环太平洋构造岩浆活动成矿带的组成部分。

(1)地层 本区地层属扬子地层区,下扬子分区,镇江地层小区。除前震旦系基底地层未见出露外,自震旦系至第四系出露较全(附表1-1)。震旦系为含镁、藻类碳酸盐建造,厚度大于227m。寒武系至志留系为含镁、藻类碳酸盐建造、碳酸盐建造、笔石砂页岩建造及硅质岩建造,厚度达1600~2200m。泥盆系至三迭系为石英砂岩建造、含煤碎屑岩建造、硅质岩建造、碳酸盐建造及内陆盆地砂页岩建造,厚度为1400~3000m。侏罗系至白垩系为碎屑岩建造、火山碎屑岩建造、火山岩建造,厚3300~3600m。沉积总厚度6000~9000m。

(2)构造 根据沉积建造、构造形态和构造形成时期的分析,在前震旦系基低之上的盖层,可以象山群为界分为两个构造层:下构造层由象山群前的三叠系黄马青组至灯影组地层组成。它们在印支运动晚期时形成宽缓向斜,脊状背斜等构造;上构造层由象山群及其以后的地层组成。受燕山运动影响,形成宽缓的向斜、断陷、火山等构造。

1)褶皱:本区褶皱由"三背两向"组成。自北向南依次为:

宁镇地区地层简表

附表 1-1

界	系	统	地层名称	代号	厚度（m）	主要岩性	沉积矿产
新生界	第四系	全新统		Q_4	68	砾，砂砾，细砂，粉砂质亚黏土	
		上更新统		Q_3	50	黏土，粉砂质亚黏土	
		中更新统		Q_2	15	泥砾，含粉砂亚黏土	
	上第三系	上新统	方山组	N_2f	>20	玄武岩	
			雨花台组	N_2y	>11	砾石，含砾粗砂夹粉砂	砂，砾
	下第三系	渐新统	三垛组	E_3c	>5	钙质粉砂岩	
中生界	白垩系	上统	赤山组	K_2c	>92	粉砂岩，细砂岩	型砂
			浦口组	K_2p	>586	砾岩，砂砾岩夹细砂岩	
		下统	图山组	K_1t	>478	凝灰质粉砂岩，碱性钾长流纹岩	珍珠岩
			葛村群 上党组 四段	K_1s^4	802	英安流纹岩夹橄榄玄武岩	珍珠岩
			三段	K_1s^3	>559	石英粗面岩	
			二段	K_1s^2	>213	石英粗安质集块岩，沉火山角砾岩	
			一段	K_1s^1	>600	石英安山质集块角砾岩，石英安山岩	
			葛村群总厚	K_1g	>552 / >2174		
			杨冲组	K_1y	>574	钙质粉砂岩夹砂灰岩，砾岩	
	侏罗系	上统	龙王山组	J_3l	330	粗面岩，粗安岩，安山岩，角砾岩	
			西横山组	J_3x	>1107	含砾中粗粒长石石英砂岩，钙质粉砂岩夹砾岩	
		中下统	象山群 上段	$J_{1-2}xn^3$	>544	岩屑砂岩，泥质粉砂岩，含砾粗粒长石石英砂岩	
			中段	$J_{1-2}xn^2$	143～395	粉砂岩，石英砂岩，夹炭质页岩	煤
			下段	$J_{1-2}xn^1$	1～122	石英砂岩，石英砾岩	
			象山群总厚		>1017		
	三迭系	上统	范家塘组	T_3f	15～225	粉细砂岩夹泥岩	煤
		中统	黄马青组	T_2h	100～1059	粉、细砂岩，钙质粉砂质泥岩夹泥岩	铜
			薛家村组	T_2x	120～410	角砾状灰岩，泥质灰岩，泥灰岩夹粉砂质泥岩	石膏
		下统	上青龙组	T_1s	272	灰岩，瘤状泥质灰岩夹蠕虫状灰岩	
			下青龙组 上段	T_1x^2	75～118	灰岩，含泥质灰岩夹钙质泥岩	
			下段	T_1x^1	74～102	含泥质灰岩与钙质泥岩互层	
			下青龙组总厚		192		
古生界	二迭系	上统	大隆组	P_2d	3～24	页岩，硅质页岩，泥质粉砂岩	钼
			龙潭组	P_2l	60～113	粉、细砂岩，炭质页岩夹灰岩	煤
		下统	堰桥组	P_1y	21～58	粉、细砂岩，粉砂质页岩	
			孤峰组	P_1g	10～45	硅质页岩，燧石岩	磷
			栖霞组	P_1q	177	含燧石结核灰岩夹燧石岩	

续表

界	系	统	地层名称		代号	厚度(m)		主要岩性	沉积矿产
古生界	石炭系	上统	船山组		C_2c	47		纯灰岩	熔剂水泥原料
		中统	黄龙组		C_2h	94		纯灰岩,粗晶灰岩	
		下统	老虎洞组		C_1l	7~16		白云岩	
			和州组		C_1h	3~18		泥质灰岩,泥灰岩夹钙质泥岩	
			高骊山组		C_1g	53		粉砂岩,粉砂质泥岩夹黏土岩,铁质砂岩	铁
			金陵组		C_1j	2~9		灰岩,铁质粉砂岩	
	泥盆系	上统	五通组	上段	D_3w^2	128~146	24~44	泥质粉砂岩,石英砂岩	硅石
				下段	D_3w^1		84~122	石英砂岩,含砾石英砂岩	
	志留系	上统	茅山组		S_3m	0~26		粉细砂岩,含铁泥质粉砂岩	
		中统	坟头组	上段	S_2f^2	93~98		页岩,粉砂质页岩,泥质粉砂岩	
				下段	S_2f^1	220		细砂岩夹粉细砂岩	
		下统	高家边组		S_1g	1538		页岩,粉砂质页岩,粉细砂岩	水泥填料
	奥陶系	上统	五峰组		O_3w	17~19		硅质岩,硅质页岩,页岩	
			汤头组		O_3t	9		页岩,泥岩夹瘤状泥岩,黏土岩	
		中统	宝塔组	上段	O_2b^2	14~44		瘤状泥灰岩,钙质泥岩	
				下段	O_2b^1	13		龟裂纹状灰岩,泥质灰岩,瘤状泥灰岩	
			大田坝组		O_2d	2~3		灰岩及似瘤状含泥质生物碎屑灰岩	
			牯牛潭组		O_1g	12		生物灰岩,泥灰岩,白云质灰岩	
		下统	大湾组		O_1d	>24		细晶生物碎屑灰岩,泥灰岩,泥岩	
			红花园组		O_1h	205~132		纯灰岩,生物碎屑灰岩	水泥、熔剂
			仑山组		O_1l	97~99		灰质白云岩,白云质灰岩,白云岩	
	寒武系	中—上统	观音台群		$\epsilon_{2-3}gn$	623		含燧石白云岩,白云岩,灰质白云岩	熔剂
			炮台山组		ϵ_1p	39~77		白云岩,灰质白云岩,泥质白云岩	
		下统	幕府山组	上段	ϵ_1m^2	67		白云岩夹砂质页岩,含磷硅质页岩	磷
				下段	ϵ_1m^1	>49		页岩夹硅质页岩,炭质页岩夹石煤层	石煤
元古界	震旦系	上统	灯影组		Z_2dn	>227		白云岩,藻白云岩夹内碎屑白云岩,泥质白云岩	熔剂
			陡山沱组	上段	Z_2d^2	187		内碎屑灰岩,灰岩夹白云质灰岩,偶夹泥灰岩	水泥原料
				下段	Z_2d^1	205		千枚状泥岩,砂质泥岩	锰(铁)
		下统	南沱组		Z_1n	1054		上部夹石英砂岩,下部夹透镜状千枚状砂质泥岩	
			莲沱组		Z_1l	>1319		上部:千枚状泥岩,砂质泥岩,偶夹灰岩 下部:变质长石石英砂岩,石英长石砂岩夹变质泥岩,未见底	

(摘自江苏区测队1:50000宁镇山脉区测报告)

龙潭—仓头复背斜；

范家塘—丁家边复向斜；

宝华山—巢凤山复向斜；

桦墅—中亭复向斜；

汤山—仑山复背斜。

它们是在不同构造运动时期形成的，表现在构造的规模、方位、形成特征方面有一定的差异。印支运动晚期形成的褶皱构造，发育在震旦系至三迭系黄马青组地层中，褶皱规模较大，构造线方位80°，轴面向北倾斜，倾角75°左右，一般背斜紧闭，向斜宽缓。燕山运动早期形成的褶皱构造发育在桦墅—中亭复向斜及局部断陷盆地的上构造层中，褶皱规模小，构造线方位60°~70°，轴面近于直立，为宽缓—微弱向斜。

2）断裂　区内断裂构造发育，简述如下：(a) 较深断裂有汤山—下蜀断裂带；东阳—孟圹断裂带；杜榨—百合山断裂带。这些断裂带控制了本区的火山喷发和岩浆上升侵入，形成规模较大的岩体。(b) 纵向断裂主要发育在复背斜翼部，走向近东西，延续较长，倾向可南可北，倾角陡缓不一。(c) 横向及斜向断裂。横向断裂以北北西向一组最为发育，延伸不长，倾角陡立。斜向断裂主要为北西向，倾角陡。

本区断裂活动时期较长，印支时期与燕山早期褶皱都产生了较深断裂带及纵向断裂，接着出现一些斜向平移断层，稍晚出现横向断层。燕山晚期断裂活动强烈，局部发生断陷，形成断裂岩浆岩带。岩浆侵入后，许多断裂断续活动，喜山期以来，一些断裂仍有继承性活动。

(3) 岩浆岩　燕山运动期间，本区岩浆活动频繁，有成分复杂的侵入岩及喷出岩分布。喜山期仅有玄武岩喷发。侵入岩主要有花岗岩类的石英二长岩、石英闪长玢岩、花岗闪长岩、花岗岩等，出露面积约 $300km^2$，岩体多呈大小不等、形态各异的岩株、岩盆、岩盖。岩浆侵入受较深断裂带控制，侵入到中生界侏罗系砂页岩、火山岩系及以前各时代地层中。根据地球物理场资料，宁镇地区诸岩体在深部相连为一岩基，岩体产状总体向北倾斜。根据岩体侵位标志、同位素年龄、岩石学特征等资料，说明本区岩浆活动具有多期次、多阶段的特点。本区南侧零星出露火山岩，为安山质和英安质熔岩及其火山碎屑岩，喷发时间略早于侵入岩，两者具有同源特征。

与花岗岩类岩石有成因联系的矿产主要有铁、铜、钼、铅、锌、金、银等，属同熔型（I型）岩浆特征的成矿系列，亦与长江中下游总规律相一致。

(4) 地球化学与地球物理异常

1）化探异常：本区已完成1:50000地球化学土壤测量，测区化探异常的空间分布具有明显的带状特征，各异常位置及强度参见附图1-1，主要有如下异常：

16号龙潭 Ag、Cu、Pb、Mo、Bi 异常；

17号铜山 Cu、Mo 异常；

18号东阳 Sb、Pb、Zn、Ag 异常；

19号宝华山 Pb、Zn、Cu、Bi 异常；

20号封家山 Cu 异常；

21号空青山 Cu、Pb、Zn、Bi 异常；

22号西银坑 Cu、Pb、Zn 异常；

23号桦墅 As、Hg 异常；

24号射乌山 Cu、Mo、Pb、Zn、Ag 异常；

25号燕子岗 As 异常；

26号孟圹 Pb、Zn、Mo 异常；

27号伏牛山 Cu、Mo、Pb、Zn、Ag 异常；

28号固江口 Pb、Zn、As、Ag 异常；

29号观音台 As、Sb、Ag、Hg 异常；

30号草庵 Pb、Zn、Bi 异常；

31号新庄 As、Hg 异常。

2）物探工作：本区做过较多的不同比例尺的磁法、电法测量。对寻找铁、铜、铅、锌等多金属矿，研究控岩控矿构造都取得了一定的效果，详细情况本实习从略。

（5）重砂异常 本区风化淋滤作用强烈，剥蚀作用较弱，自然重砂中重矿物种类和数量较少，无甚找矿意义，仅在汤山镇、伏牛山一带发现自然金异常，因样品采自坡积层，自然金来源于附近的矿化带中，找矿中应给予重视。

（6）矿产及矿化特征 本区已发现铜、钼、铅、锌、金等矿床（点）二十余处，详见附图1-1。主要矿床（点）简介如下：

45号铜山铜钼矿床：位于仓头镇南面铜山一带，龙潭—仓头复背斜东端。矿床受纵向断裂控制，矿体沿中酸性侵入岩与栖霞组灰岩接触带分布，主要为矽卡岩型。沿接触带热液蚀变发育，地表且见有铁帽点多处，并发现有古采坑、老硐。矿床已经勘探，规模中等，已建矿山，正在开采。

64号安基山铜矿床：位于汤山镇北面，安基山一带，桦墅—中亭复向斜西端。矿床受北北西向的东阳—孟圹断裂控制，为矽卡岩—斑岩复合型。矿体赋存在岩体之中及接触带上，矿区热液蚀变发育，地表见有铁帽、铜草、炼渣等。矿床已经勘探，规模中等，已建矿山，正在开采。

84号伏牛山铜矿床：位于汤山镇北东伏牛山一带，汤山—仑山复北斜西端。矿床受近东西向纵向断裂控制，岩体沿断裂带侵入，矿体产于接触带内外，地表见有铁帽、铜草、炼渣等。矿床已经勘探，规模中等，已建矿山，正在开采。

48号磁山头铁矿点：位于下蜀镇南面六里甸一带，宝华山—巢凤山复背斜北翼。矿床主要赋存于栖霞组灰岩与中酸性侵入岩接触带之矽卡岩中，主要金属矿物为磁铁矿，储量小于50000t，矿区内并见有铜矿化。

51号空青山多金属矿点：位于下蜀镇南面空青山一带，宝华山—巢凤山复背斜南翼。近东西向纵向断裂与成矿关系密切，岩浆沿断裂侵入，围岩蚀变发育，矿体产于构造带中，矿石矿物有黄铜矿、黄铁矿、方铅矿、闪锌矿等，该区赋矿条件好，土壤测量反映Pb、Zn、Cu异常范围大，地表发现铁帽点多处，目前正进行地质工作，有县办小矿山组织采矿。

82号仑山西南金矿点：位于汤山镇东仑山一带，汤山—仑山复背斜中段，仑山背斜西南倾伏端。在白垩系葛村组与下伏地层不整合面上见有硅化现象，在硅化带中见有金矿化，目前正进行金矿普查工作。

77号丁耙岗金矿点：位于汤山镇东九华山一带。为低温热液蚀变岩型，中酸性侵入岩呈岩枝状侵入于上青龙群灰岩中，金矿化受近东西向的硅化破碎带或纵向断裂控制，与次生石英岩化、绢云母化、黄（褐）铁矿化关系密切。

三、实训步骤

1. 阅读文字资料和矿产图

按照规范规定色标对矿产图进行着色，然后图切 A—B 剖面进一步了解区域地质特征，并分析该地区找矿地质条件。

2. 在矿产图上进行内生金属矿床找矿远景区的圈定。

圈定的主要依据是控制成矿的主要地质因素——构造及岩浆岩基本相同；矿产的成因类型基本相同；矿化较连续，其中有些地段虽然尚未发现矿产，但岩浆岩、构造是成矿的有利地区或地段等。

3. 分别对每一个找矿远景区进行编号，并写出简要的文字说明。

主要叙述找矿远景区的位置、圈定的地质依据以及远景区的找矿意义（最有意义者为一级，依次为二、三级），并自上而下，自左到右顺序编号。例如 1 号铜山铜钼矿找矿远景区。该区位于仓头镇南铜山一带，龙潭—仓头复背斜东端，成矿受复背斜南翼纵向断裂控制，区内酸性侵入岩与碳酸盐地层有广泛的接触，接触带矽卡岩化等热液蚀变现象发育，并有铁帽分布，区内有 17 号 Cu、Mo 化探异常，区内已有铜山等已知矿床（点）三处，可为一级找矿远景区。

附图 1-1 江苏省宁镇地区矿产图（1:50000）。

附表 1-1 宁镇地区地层简表。

实训二　某地区找矿方法的选择

一、目的要求

用实训一的成果，在所圈定的找矿远景区中选择最有希望的地区，按照矿产普查阶段的要求，根据其地质、矿产形成条件等特征选择适当的找矿方法，并以文字说明这些找矿方法的地质依据和工作要求。

二、实训资料

引用实训一的资料和成果。

三、实训步骤

1. 根据所学的地质测量、重砂、物探及化探等找矿方法的应用条件，对照找矿远景区的地质背景进行找矿方法的选择。注意经济效果，不要面面俱到。

2. 对所选出的最有希望的找矿远景区写出所选择的找矿方法及其地质依据的文字说明。其内容主要包括找矿方法的地质依据、工作范围、比例尺、精度要求及其工作量。

实训三　重砂成果图的编制及其异常的解释

一、目的要求

1. 学会编制 1:50000 重砂成果图的工作方法，正确地圈定重砂异常区。

2. 在重砂取样点分布图上完成重砂成果图，并对重砂异常进行初步解释，写出简要文字说明。

二、实训资料

（一）江西省金台地区重砂采样点分布图，比例尺1:50000（附图3-1，见后插页）。

（二）重砂矿物（独居石、铌铁矿、金红石）含量表（附表3-2）。

（三）图幅内地质概况

1. 地层　本区为古老变质岩区。主要出露元古界的崆岭群，可分三部分：崆岭群上部为混合岩化黑云母斜长片麻岩；崆岭群中部为白云母石榴石斜长片麻岩；崆岭群下部为黑云母斜长片麻岩夹白云母角闪片岩。

2. 构造　本区是由元古界变质岩系组成的古老褶皱区，主要有清江河背斜；桃园村向斜；六盘山背斜。本区断裂构造发育，近东西向的早期断裂控制花岗岩体的分布，第二期断裂构造为北西向，而北东向断裂生成较晚。

3. 岩浆岩　本区的侵入岩主要有花岗岩、榴闪岩和碱性正长岩，均属燕山期侵入。花岗岩分布在图幅南部，呈岩基产出，岩体的中心相是斑状花岗岩，边缘相为细粒花岗岩。图幅北部有呈岩株产出的碱性正长岩。榴闪岩主要出露在图幅中部周家村一带，组成一个小岩体群，沿北东向分布。榴闪岩的组成矿物主要有石榴石和角闪石，含少量的斜长石、黑云母等。

4. 矿床（点）　本区发现矿床（点）多处，主要有以下三种类型：

（1）风化壳型独居石矿点：位于图幅南部的花岗岩地区，工作程度较低。

（2）伟晶岩型铌铁矿矿床：位于图幅西北，矿床规模中等。

（3）岩浆岩型金红石矿点：位于图幅东部，矿床与榴闪岩关系密切，工作程度较低。

三、实训步骤

1. 读图　通过对重砂采样点分布图地质背景的着色，并对照文字资料和图例，了解图幅内的地质概况，矿床（点）的分布，以及水系、重砂取样点的分布情况。

2. 整理原始资料　对重砂鉴定报告进行整理，了解重砂矿物的特征及矿物共生组合，对有用矿物进行分组，并列出含量表。为了节省篇幅和时间，本实习已经整理出三种有用矿物（独居石、铌铁矿、金红石）的含量表（附表3-2）。

3. 确定异常下限　根据重砂矿物含量结合地质条件，采用统计法确定以上三种有用矿物的异常下限为：独居石0.1g；金红石0.1g；铌铁矿10粒。

4. 含量分级　根据重砂矿物含量的变化情况，从背景至最高异常含量，依次分为Ⅰ、Ⅱ、Ⅲ、Ⅳ级，见附表3-1。

有用矿物含量分级表　　　　　　　　　　　　　　　　　　　附表3-1

含量分级 有用矿物	Ⅰ （背景值）	Ⅱ （弱异常值）	Ⅲ （中等异常值）	Ⅳ （强异常值）
独居石	n 粒～0.1g	>0.1～1g	>1～2.4g	>2.4g
铌铁矿	n 粒	10～100粒	>100～0.01g	>0.01g
金红石	n 粒～0.1g	>0.1～6g	>6～12g	>12g

5. 编图　对照重砂矿物（独居石、铌铁矿、金红石）含量表，用规定的图例，在重砂采样点分布图上表示重砂矿物的含量级别，圈定重砂异常，完成重砂成果图。

重砂矿物含量表

附表 3-2

样号	矿物含量			样号	矿物含量		
	独居石	铌铁矿	金红石		独居石	铌铁矿	金红石
1				45	7粒		
2				46	6粒		
3	8粒	6粒		47	1.80g		
4	7粒	9粒		48	1.90g		
5	6粒		0.07g	49	2.30g		
6	6粒	4粒	0.05g	50	1.20g		
7	4粒			51	2.20g		
8	3粒			52			
9	6粒			53			0.06g
10	5粒			54			0.04g
11	4粒			55	7粒		0.08g
12	5粒			56	6粒		
13	4粒			57	6粒		
14				58	8粒		0.07g
15	9粒			59			
16	2.0g			60			
17				61			
18				62			
19	1.40g			63			
20	2.10g			64			
21	1.60g			65			
22	2.20g			66	4粒		
23	0.09g			67			
24	1.90g			68			
25	2.30g			69			
26	2.20g			70			
27	9粒			71			
28	2.40g			72			
29	2.0g			73			
30	0.7g			74	5粒		
31	0.6g			75			0.06g
32	1.50g			76			0.07g
33	9粒			77			
34				78			0.09g
35	4粒			79			0.80g
36	5粒			80			
37			0.06g	81			
38				82			0.05g
39	6粒			83			0.06g
40	7粒			84			
41	6粒			85			
42	5粒			86			0.08g
43	2.1g			87			0.07g
44	0.8g			88			

续表

样 号	矿物含量			样 号	矿物含量		
	独居石	铌铁矿	金红石		独居石	铌铁矿	金红石
89				135	6粒		14粒
90				136			18粒
91			0.06g	137	9粒		
92				138			0.07g
93				139			
94	8粒	0.009g		140			0.08g
95		0.010g		141			15粒
96			2.0g	142			
97			2.5g	143	0.70g		
98				144	0.50g		
99				145			
100				146			
101				147			
102		0.008g		148			
103		0.007g		149		6粒	16粒
104	0.80g	0.009g		150			17粒
105		0.008g		151	8粒		0.07g
106		0.009g		152	7粒		
107		8粒		153	8粒		0.08g
108		0.008g		154	9粒		14粒
109	7粒	0.009g		155	7粒		
110				156	4粒		
111				157	3粒		18粒
112				158	9粒		14粒
113				159	6粒		
114	8粒	7粒		160		8粒	12粒
115	6粒			161		7粒	14粒
116	7粒	7粒		162			18粒
117				163	7粒		
118				164	8粒		
119				165			
120	8粒			166			
121				167			
122			16粒	168		6粒	0.08g
123	8粒	6粒		169	6粒		
124	7粒	7粒		170	5粒	4粒	
125			18粒	171	7粒		12粒
126			0.06g	172			
127		8粒	0.07g	173			
128				174	3粒		
129				175	4粒		14粒
130				176	8粒	4粒	
131				177			
132			0.08g	178			
133				179	5粒		
134			0.07g	180	6粒		12粒

续表

样 号	矿 物 含 量			样 号	矿 物 含 量		
	独居石	铌铁矿	金红石		独居石	铌铁矿	金红石
181	7粒		0.07g	225			
182				⋮			
183				300		4粒	
184				301		5粒	
185	4粒		14粒	302		7粒	
186				303		9粒	
187				304		6粒	
188	8粒			305			
189	4粒			306			
190				307		3粒	
191				308		8粒	
192				309	6粒		
193	5粒			310			
194	2粒		15粒	311		9粒	
195	6粒		13粒	312	4粒		
196		7粒	12粒	313			
197		9粒		314			
198	2.20g			315			
199	0.10g			316	5粒		
200	0.80g			317			
201	2.10g			318		0.008g	
202	1.80g			319		0.009g	
203	0.10g			320	7粒	0.007g	
204	1.50g			⋮			
205	1.40g			500	2.00g	8粒	
206	1.30g			501			
207	3.00g			502	1.80g		
208				503	0.10g		
209				504	2.30g		
210				505			
211				⋮			
212				701		8粒	
213	1.90g			702			3.00g
214	8粒			703			0.08g
215	2.20g			704			
216	2.10g			705			
217				706			0.06g
218				707			
219	1.70g			708			
220	2.10g			709			
221	0.10g			710			0.09g
222	2.00g			711			19粒
223	2.20g			712			
224	1.90g			713			

续表

样 号	矿 物 含 量			样 号	矿 物 含 量		
	独居石	铌铁矿	金红石		独居石	铌铁矿	金红石
714	8粒		0.08g	741			8.00g
715			7.00g	742			9.50g
716			10.20g				
717				743			
718				⋮			
719				797			11.40g
720			11.00g	798			12.00g
721	5粒			799			9.30g
722				800			13.20g
723			7.60g	801			15粒
724	7粒			802			17粒
725		6粒		803			19.00g
726			8.20g	804			21.00g
727	4粒		13粒	805			11.10g
728				806			14.00g
729				807			15粒
730				808			10.20g
731				809			11.60g
732			8.40g	810			10.50g
733			9.50g	811			0.09g
734			11.00g	812		6粒	
735			12.00g	813		8粒	9粒
736			15粒	814			9.40g
737			10粒	815			14粒
738			15粒	816			10.30g
739			0.10g	817			12.10g
740			9.00g	⋮			

  圈定重砂异常可按以下原则进行：同一地区必须有两个以上同种矿物的异常点，方可圈为一个异常区。圈定时必须考虑到地形地貌、汇水盆地、分水岭及地质特征等因素。

  圈定的异常区要按照其找矿意义的大小进行分级和编号。异常分级的原则是：

  Ⅰ级异常：大部分样点为Ⅳ级含量，并与已知矿床（点）相吻合。

  Ⅱ级异常：大部分样点为Ⅲ级含量，成矿地质条件较好，有可能找到矿产地。

  Ⅲ级异常：孤立的高含量点或大部分样点为Ⅱ级含量，具有一定的找矿意义。

  异常区的编号，采用于图幅内由上至下，从左到右分类顺序编号。异常级别及编号的表示方法参见重砂采样点分布图所示的图例。

6．文字说明　　根据重砂矿物的异常特征，结合异常区附近的地质情况，对异常区做出初步分析，说明异常位置、范围大小、圈定的依据、异常特征、级别及矿化类型。

附图 3-1 江西省金台地区重砂采样点分布图（1:50000）。

*实训四　　化探成果图编制及异常解释

一、目的要求
1．通过现有资料，了解化探成果图的编制方法。
2．对成果图中异常进行筛选，初步确定矿致异常和非矿异常后，对矿致异常作初步解释。

二、实训资料
1．化探采样点分布图（自选）。
2．化探样品分析结果（自选）。

三、实训步骤
1．在教师指导下对现有资料进行分析、确定选区地球化学背景和地球化学异常值，编制化探成果图。
2．化探成果图编绘完成后，还需对图件进行必要的整饰。
3．对异常解释作简要文字说明。

实训五　　探矿工程的选择与总体布置

一、目的要求
通过实训初步掌握矿产普查阶段布置探矿工程的基本原则和方法，确定探矿工程的总体布置形式和选择探矿工程，并在图上进行工程设计。

二、实训资料
1．矿点地质特征简介

江苏省句县铜山铜钼矿点位于某市东北四十余公里，有铁路、公路可达，交通便利。本矿点是进行 1:50000 区域地质调查中发现的，经地表地质工作，初步认为具有找矿远景。区内出露地层主要有：

志留系下统高家边组（S_1g）：页岩，粉砂质页岩，细砂岩。

志留系中统坟头组（S_2f）：粉砂质页岩，细砂岩夹泥质粉砂岩。

泥盆系上统五通组（D_3w）：泥质粉砂岩，石英砂岩，含砾石英砂岩。

石炭系下统高骊山组（C_1g）：粉砂岩，粉砂质泥岩夹黏土岩，铁质砂岩。

二迭系下统栖霞组（P_1q）：含燧石结核灰岩夹燧石层。

二迭系下统龙潭组（P_2l）：粉、细砂岩、炭质页岩。

三迭系下统下青龙组（T_1x）：分为两段，下段（T_1x^1）为含泥质灰岩与钙质泥岩互层；上段（T_1x^2）为灰岩，含泥质灰岩夹钙质泥岩。

三迭系下统上青龙组（T_1s）：灰岩，瘤状泥质灰岩夹蠕虫状灰岩。

第四系全新统（Q_4）：砾，砂砾，细砂，粉砂质亚黏土。

矿点位于区域复背斜东端南翼，地层走向近东西，倾向南，倾角较陡。区内有三条走向近东西的纵向断层。其中 F_1 逆断层，其断层面向南倾，倾角70°，该断层东段表现为栖霞组与五通组地层接触，西段栖霞组与高骊山组地层接触，而中段则被黑云母石英闪长斑岩（$δoπ$）充填并交代栖霞组灰岩形成含矿矽卡岩体（SK）。据地表观察接触带及其含矿矽卡岩体产状与栖霞组地层基本一致。F_2 断层亦表现逆断层性质，横贯矿点东西，与 F_1 平行产出，可为含矿矽卡岩的顶板。而 F_3 正断层位于铜山顶，表现为五通组与坟头组地层的重复，与成矿关系不大。横断层发育三条（F_4、F_5、F_6），破坏了地层及含矿矽卡岩体的连续性，并充填闪长岩等晚期岩脉。区内北部的黑云母石英闪长斑岩（$δoπ$）是区域花岗闪长岩岩株的边缘相，属燕山期产物，与本区矿产有成因联系。

矿床特征：本矿点含矿矽卡岩（SK）是由黑云母石英闪长斑岩与栖霞组灰岩接触交代形成，矽卡岩主要由石榴石、透辉石组成，其分布受接触带和纵向断层 F_1、F_2 控制。含矿矽卡岩体长约千余米，最宽处百余米，规模属中-大，厚度不稳定，形态为似层状或透镜状。在矽卡岩中铜矿化现象断续分布，品位变化不均匀，局部并见有辉钼矿化。经地表观察和取样分析，发现两条铜矿体有一定规模，其中一号矿体长约100m，宽20m；二号矿体长约50m，宽10m，分析含铜1%～2%，钼0.03%左右。矿石为细脉状、浸染状，矿石矿物以黄铜矿、黄铁矿、磁铁矿为主，偶见辉钼矿。矿区见有铁帽点多处，铜草广泛分布，并发现采矿遗迹多处。

2. 江苏省句县铜山铜钼矿点地形地质草图，1∶5000（附图5-1，见后插页）。

三、实训步骤

（一）阅读文字资料，根据地形地质草图切地质剖面（位置自选）一条并做剖面图，再完成地形地质草图图例等。

（二）根据矿产普查的工作要求，结合所给实训资料，选择探矿工程并确定其总体布置形式。

（三）根据矿点地质特征，参考铜矿地质勘探规范，确定探矿工程间距，进行工程设计。

（四）绘制1∶2000探矿工程设计剖面图（剖面条数自定）。

（五）在矿点地形地质草图上完成探矿工程设计。

（六）写出简要的文字说明。内容如下：

1. 探矿工程设计的依据。
2. 探矿工程设计方案：

(1) 探矿工程总体布置形式的确定。

(2) 探矿工程种类的选择。

(3) 探矿工程的布置，勘探线方向及工程间距的确定。

(4) 列表说明探矿工程位置及工作量，施工顺序，以及各种技术要求。

附表5-1 铜矿床勘探类型。

附表5-2 勘探工程密度表。

附图5-1 江苏省句县铜山铜钼矿点地形地质草图（1∶5000）。

铜矿床勘探类型

附表 5-1

勘探类型	矿床特征	实例
Ⅰ	规模巨大,形态简单,厚度稳定至较稳定,主要组分分布均匀至较均匀的层状、巨大透镜状矿体	江西德兴铜厂斑岩铜矿。矿体巨大,围绕岩体的内、外接触带产出;矿体长2200m,宽100～1600m,平均厚约139m,呈有规律的变化;主要组分分布均匀;成矿后构造破坏很小
Ⅱ	规模大到巨大,形态简单至较简单,厚度较稳定,主要组分分布较均匀的似层状、大透镜状矿体	云南易门变质岩层状铜矿。矿体层控标志明显,呈似层状,产状与地层一致,一般倾角60°～80°;矿体长度大于900m,斜深550m,厚度几米至五十多米,厚度较稳定;主要组分分布较均匀;有断层错断破坏
Ⅲ	规模中等到大,形态较简单至复杂,厚度较稳定至不稳定,主要组分分布均匀至不均匀的似层状、透镜状、脉状矿体	甘肃白银厂火山岩黄铁矿型铜矿。矿体呈透镜状,倾角50°～80°;主要矿体长500～1000m,斜深200～600m,厚5～80m,厚度不稳定;主要组分分布不均匀。 安徽铜官山矽卡岩型铜矿。主矿体呈似层状,倾角30°～50°;矿体长1200m,斜深400～700m,厚5～85m,平均厚30m,厚度较稳定;主要组分分布不均匀;矿体受稀疏的断裂错动破坏
Ⅳ	规模小到中等,形态复杂至很复杂,厚度较稳定至不稳定,主要组分分布较均匀至不均匀的透镜状、脉状、扁豆状、囊状矿体	安徽狮子山矽卡岩型铜矿,矿体呈透镜状和囊状,倾斜中等;主要矿体长100～300m、斜深100～200m,厚几米至二十几米,厚度较稳定至不稳定,并有分叉和突然尖灭现象;主要组分分布较均匀至不均匀
Ⅴ	规模小,形态很复杂,厚度较稳定至很不稳定,主要组分分布较均匀至很不均匀的小透镜状、小囊状、小扁豆状、筒状矿体	辽宁华铜矽卡岩型铜矿。为沿接触带凹部产出的200多个矿体组成的矿带。单个矿体长度大都小于100m延深均在100m以内,厚5～15m;主要组分分布不均匀

注:对作为划分勘探类型依据的各种地质因素的一般范围,提出下列参考数据:
1. 矿体规模(沿走向长;m):(1) 巨大>1500;(2) 大1000～1500;(3) 中100～1000;(4) 小<100。
2. 矿体形态:(1) 简单:规则的层状、巨大的透镜状、构造破坏很小;(2) 较简单:较规则的似层状、似板状、大透镜状,有断层错动破坏;(3) 复杂:不规则的透镜状,有分枝复合现象;(4) 很复杂:很不规则的透镜状、囊状、脉状等,分枝复合突变现象显著。
3. 厚度稳定性(厚度变化系数;%):(1) 稳定<40;(2) 较稳定40～80;(3) 不稳定80～130;(4) 很不稳定>130。
4. 主要组分分布均匀程度(品位变化系数:%):(1) 均匀<40;(2) 较均匀40～100;(3) 不均匀100～150;(4) 很不均匀>150。

勘探工程密度表

附表 5-2

勘探类型	勘探工程间距(m)			
	B 级		C 级	
	沿走向	沿倾斜	沿走向	沿倾斜
Ⅰ	100	100	200	100～200
Ⅱ	50～60	40～50	100～200	80～100
Ⅲ	40～50	30～40	80～100	60～80
Ⅳ			40～60	40～60
Ⅴ	参考Ⅳ类型,控制到D级储量,提供边探边采			

实训六　采样方法和采样位置的选择

一、目的要求
通过实训掌握在不同条件下合理地选择采样、分析方法和正确地布置采样位置。

二、实训资料
（一）采样方法和分析方法的选择

采样方法和分析方法的选择

序	采 样 目 的	采样方法	分析（或鉴定）方法
1	在探槽中见到铜矿化现象，需了解其厚度和品位		
2	在云母矿床的坑道中，了解云母的物理性质与技术性能		
3	矿区填图中发现含矿矽卡岩，需大致了解其矿化组分及含量		
4	区域地质调查中，发现多处废矿堆和古炼渣，了解它们是否可利用		
5	坑道停止掘进，了解坑道前进方向的矿化情况		
6	钻孔岩芯中发现铅锌矿化现象，了解其品位变化		
7	了解某多金属矿矿石的结构、构造、矿物成分及其生成顺序等		
8	在钻孔地质编录时，需准确地对岩浆岩鉴定其岩石名称		
9	某金属矿区已进行详查，根据一些分析资料初步认为矿石中含有伴生有益组分，为了对该矿进行综合评价需采样品		
10	某磷矿区正进行矿产勘探工作，为评价磷矿的可选性能		

（二）在坑探工程素描图中布置采样位置的练习

1. TC_5 素描图（附图 6-1）。
2. QJ_5 素描图（附图 6-2）。
3. CD_5 素描图（附图 6-3）。

（三）钻孔岩心取样

ZK_5 地质记录表（附表 6-1）和岩矿芯矿化特征（附图 6-4）。

三、实训步骤
（一）根据采样方法和分析方法选择表中的采样目的，将采样方法和分析（鉴定）方法填在表的空栏中。

（二）坑探工程的采样位置可用规定的图例画在素描图中，样品长度一般要求 1m，样品要编号。

（三）钻孔岩芯取样方法：

1. 先根据 ZK_5 地质记录和岩矿芯示意图，计算回次采取率、分层孔深与分层采取率。然后根据矿化特征，在岩矿芯示意图上练习划分矿样，样品分界用虚线表示，自左而右，由上向下依次进行编号，样品长度一般要求 1m。

2. 样品长度的计算：先量出岩矿芯实际长度（根据划分好的矿样在图上量出）。然后根据采取率计算出样品长度（数据准确到百分位）和相当孔深。

3. 将采样结果填写在采样登记表（附表 6-2）中。

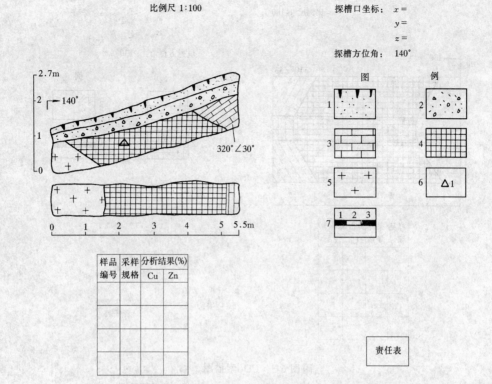

附图 6-1　TC₅ 素描图

1—浮土；2—坡积层；3—石灰岩；4—矿体；5—花岗岩；
6—标本位置及编号；7—刻槽样位置及编号

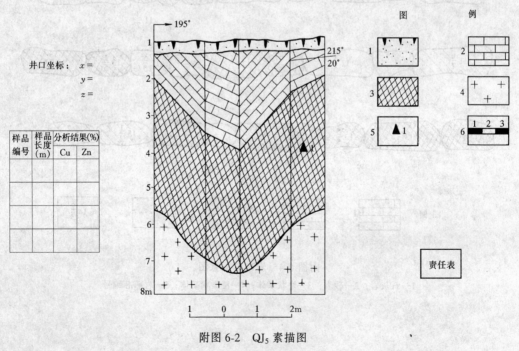

附图 6-2　QJ₅ 素描图

1—浮土；2—石灰岩；3—矿体；4—花岗岩；5—标本位置及编号；6—刻槽样位置及编号

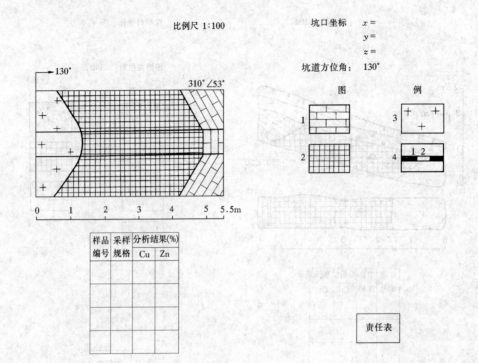

附图 6-3 CD₅ 素描图

1—石灰岩；2—矿体；3—花岗岩；4—刻槽样位置及编号

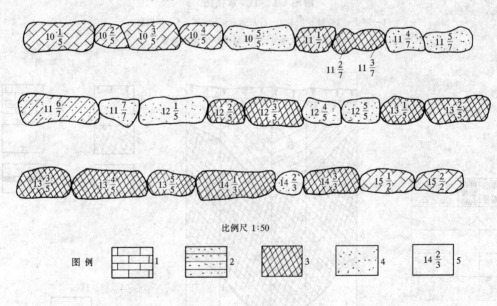

附图 6-4 岩矿芯示意图

1—石灰岩；2—砂岩；3—块状矿体；4—浸染状矿体；5—岩矿芯编号

附表 6-1

ZK₅ 地 质 记 录 表

回次	进尺(m) 自	至	计	岩矿芯 长度(m)	残留(m)	采取率(%)	分层孔深(m)	假厚度(m)	岩芯长(m)	采取率(%)	标志面与岩芯轴夹角(度)	地质描述	样品与标本编号	备注(及分层注记)
1	2	3	4	5	6	7	8	9	10	11	12	13	14	15
略														
10	81.00	85.75	4.75	4.00								石灰岩$\left(10\frac{1\sim4}{5}\right)$：……; 浸染状铜矿体$\left(10\frac{5}{5}\right)$：……		
11	85.75	90.25	4.50	4.40								块状铜矿体$\left(11\frac{1\sim3}{7}\right)$：……; 浸染状铜矿体$\left(11\frac{4\sim5}{7}\right)$：……; 砂岩$\left(11\frac{6}{7}\right)$：……		
12	90.25	94.50	4.25	3.60								浸染状铜矿体$\left(12\frac{2\sim3}{5}\right)$：……; 块状铜矿体$\left(12\frac{4\sim5}{5}\right)$：……		
13	94.50	99.00	4.50	4.20										
14	99.00	102.00	3.00	2.40								浸染状铜矿体$\left(13\frac{1}{5}\sim14\frac{3}{5}\right)$：……		
15	102.00	104.00	2.00	1.50								块状铜矿体$\left(15\frac{1\sim2}{2}\right)$：……		
略														

填表说明：1. 有分层的回次，应将分层岩芯长注记于 15 栏。注记格式为 回次 上层岩(矿)芯编号/下层岩(矿)芯编号

2. 地质描述中 $10\frac{1\sim4}{5}$ 表示 回次 第1块至第4块岩芯/岩(矿)芯长/岩(矿)芯块数

3. ……表示省略岩性描述内容。

附表 6-2

ZK₅ 采 样 登 记 表

矿区 _____ 钻孔编号 _____ 分析报告批号 _____

顺序号	样品编号	采样位置(m) 自	采样位置(m) 至	样长	回次	岩矿芯(m) 长度	岩矿芯(m) 采取率(%)	矿芯编号 自	矿芯编号 至	矿芯直径(mm)	样品重量(kg)	袋数	岩矿石名称及目测类型、品位	分析编号	分析结果(%)				备注
															16	17	18	19	20	
1	2	3	4	5	6	7	8	9	10	11	12	13	14	15						21

采样人　　　年　月　日　　　　登记人　　　年　月　日　　　　检查人　　　年　月　日

实训七　钻孔地质编录

一、目的要求

了解钻孔地质编录的基本要求、内容和工作方法。各校可自备钻孔岩矿芯进行，或去现场编录。

二、实训资料

1. 班报表记录（自选）
2. 钻孔岩矿芯（自选）

三、实训步骤

（一）准备工作

1. 地质人员应到现场检查孔位的安装质量。
2. 开孔前向钻机人员介绍钻孔施工目的、预计地质情况及质量要求。
3. 备好岩芯箱、岩芯牌及红油漆等。

（二）现场地质编录

1. 首先查对班报表记录是否准确，然后检查岩矿芯。
2. 按回次观察描述岩矿芯并分层，逐项填写钻孔地质记录表。
3. 检查岩矿芯采取率是否符合质量要求。
4. 根据要求检查钻孔弯曲度和孔深误差。

（三）编录资料整理

1. 处理残留岩芯，计算岩矿芯采取率。
2. 计算分层孔深和进行采样工作。
3. 孔深误差的计算及校正。

（四）编制钻孔地质成果

1. 钻孔地质情况小结。
2. 钻孔地质记录表、钻孔柱状图等。

实训八　钻孔柱状图与钻孔地质剖面图的编制

一、目的要求

1. 根据 ZK_9 地质记录表，掌握岩矿芯采取率和换层孔深计算的方法，认真填写钻孔地质记录表中的空项，并画出钻孔柱状图。
2. 根据钻孔地质记录表和测斜资料，分别用投影法和计算法对钻孔进行弯曲校正，编制校正后的钻孔地质剖面图，并对比两种作图方法的精度。比例尺采用 1:500。

二、实训资料

1. ZK_9 地质记录表（附表 8-1）。
2. 钻孔柱状图图示（附表 8-2）。
3. ZK_9 测斜成果见 ZK_9 测斜结果登记表（附表 8-3）。

附表 8-1

ZK₉ 地 质 记 录 表

回次	进尺 (m)			岩矿芯			分层			标志面与岩芯轴夹角	地 质 描 述	样品与标本编号	备注（及分层注记）
	自	至	计	长度 (m)	残留 (m)	采取率 (%)	分层孔深 (m)	假厚度 (m)	岩芯长 (m)	采取率 (%)			
1	2	3	4	5	6	7	8	9	10	11	12	13	14	15
1	0.00	4.65	4.65	4.40										
2	4.65	9.25	4.60	4.35										
3	9.25	13.75	4.50	4.40								石灰岩 $\left(1\dfrac{1}{5}\sim15\dfrac{2}{4}\right)$		$15\dfrac{1.80\cdot\dfrac{1\sim2}{4}}{2.00\dfrac{3\sim4}{4}}$
4	13.75	18.00	4.25	4.00										
5	18.00	22.95	4.95	4.50										
6	22.95	27.50	4.55	4.40										
7	27.50	32.00	4.50	4.30							65°			
8	32.00	36.50	4.50	0										
9	36.50	40.60	4.10	5.00										
10	40.60	45.40	4.30	4.50										
11	45.40	50.30	4.90	4.10										
12	50.30	55.10	4.80	4.20										
13	55.10	60.00	4.90	4.00										
14	60.00	64.50	4.50	4.20										
15	64.50	69.00	4.50	3.80	0.50									

续表

回次	进尺 (m) 自	进尺 (m) 至	计	岩矿芯 长度 (m)	岩矿芯 残留 (m)	岩矿芯 采取率 (%)	分层 分层孔深 (m)	分层 假厚度 (m)	分层 岩芯长 (m)	分层 采取率 (%)	标志面与岩芯轴夹角	地 质 描 述	样品与标本编号	备 注（及分层注记）
1	2	3	4	5	6	7	8	9	10	11	12	13	14	15
16	69.00	72.70	3.70	4.10	0.10							磁铁矿体 $\left(15\frac{3}{4}\sim18\frac{1}{4}\right)\cdots\cdots$		$18\dfrac{0.50\cdot\frac{1}{4}}{3.00\cdot\frac{2\sim4}{4}}$
17	72.70	76.50	3.80	3.90										
18	76.50	80.20	3.70	3.50							75°	砾卡岩 $\left(18\frac{2}{4}\sim25\frac{3}{6}\right)\cdots\cdots$		$25\dfrac{1.80\cdot\frac{1\sim2}{6}}{2.50\cdot\frac{4\sim6}{6}}$
19	80.20	84.10	3.90	3.70										
20	84.10	88.10	4.00	3.80										
21	88.10	91.00	2.90	2.90										
22	91.00	95.90	4.90	4.10								闪长岩 $\left(25\frac{4}{6}\sim终孔\right)\cdots\cdots$		
23	95.90	100.00	4.10	3.95										
24	100.00	103.90	3.90	3.50	0.40									
25	103.90	108.00	4.10	4.30	0.20									
26	108.00	111.90	3.90	3.28										
27	111.90	115.00	3.10	2.95										
28	115.00	120.00	5.00	4.00										
略	终孔	160.00												

说明：1. 有分层的回次，应将分层岩芯长注记于15栏。注记格式为回次 $\dfrac{上层岩(矿)芯长\cdot岩(矿)芯编号}{下层岩(矿)芯长\cdot岩(矿)芯编号}$

2. 地质描述中 $1\dfrac{1}{5}$ 表示回次第1块岩芯岩块数

3. ……表示省略岩性描述内容。

附表 8-2

____矿区钻孔柱状图

勘探线号：____　　孔　号：ZK₉　　孔口坐标：X=　Y=　H=____
开孔日期：　　　　　　　　　　　　　　　　　　　钻孔倾角：____
终孔日期：　　　　　　　　　　　　　　　　　　　钻孔方位：____
终孔深度：____m

回次进尺(m)			岩芯采取		分层厚度(m)	换层深度(m)	层位	柱状图 1:200 或 1:500	地质描述	标志面与岩芯的轴的夹角	岩石及化石鉴定	含矿带柱状图 1:50 或 1:200	地质描述	采样情况					分析结果				备注
回次	自	至	岩矿芯长度(m)	回次采取率(%)	分层采取率(%)										样品编号	分析编号	采样位置(m)		样长	岩矿芯长	采取率(%)				
																	自	至							
1	2	3	4	5	6	7	8	9	10	11	12	13	14	15	16	17	18	19	20	21	22	23	24	25	26	27	28	29

钻孔弯曲度测量结果表
（用　　　测斜仪测量）

深度(m)	方位角	倾角	深度(m)	方位角	倾角

编录　　　　　　年　月　日
编图　　　　　　年　月　日
审核　　　　　　年　月　日

ZK₉ 测斜结果登记表　　　　　　　　　　　　　附表 8-3

测 点 号	测量孔深 (m)	钻孔倾角 (度)	钻孔方位角 (度)	控制深度 (m)	
				自	至
开孔	0	85	90		
1	50	83	95		
2	100	80	105		
3	150	75	117		

三、实训步骤

（一）自下而上检查钻孔地质记录表中回次采取率是否超过100%，如超过100%，可用两种方法（任选一种）进行处理：1．以本回次采取率为100%，将超出部分推到上回次计算，一般不允许超过五个回次。2．允许同一岩性段五个回次之内进尺之和大于或等于相同回次岩芯长度之和，然后计算回次平均采取率。

（二）计算换层回次岩芯采取率

1．当无残留岩芯时，按下式计算：

$$N = \frac{l}{L} \times 100\%$$

式中　N—岩芯采取率；l—回次岩芯长度（m）；L—回次进尺（m）。

2．当有残留岩芯时，按下式计算：

$$N = \frac{l}{L - D_1 + D_2} \times 100\%$$

式中　N—岩芯采取率；l—回次提取岩芯总长度（m）；L—回次进尺（m）；D_1—本回次残留岩芯长度（m）；D_2—上回次残留岩芯长度（m）。

（三）计算换层位置所在回次中，分层岩芯长度所代表的进尺，从而计算出换层孔深和分层采取率

1．无残留岩芯时，换层深度的计算：

$$H = 本回次末孔深 - \frac{下层岩芯长度}{本回次岩芯采取率} \left(或\ H = 本回次起孔深 + \frac{上层岩芯长度}{本回次岩芯采取率}\right)$$

2．有残留岩芯时，换层深度的计算：

$$H = 本回次末孔深 - 本回次残留 - \frac{下层岩芯长度}{岩芯采取率}$$

或 $H = 本回次起始孔深 - 上回次残留 + \dfrac{上层岩芯长度}{岩芯采取率}$

3．分层采取率的计算：

$$分层采取率 = \frac{分层岩芯长}{分层进尺（分层底板孔深 - 分层顶板孔深）} \times 100\%$$

（四）根据钻孔地质记录表画钻孔柱状图。

（五）根据 ZK₉ 测斜成果资料确定每个测斜点的控制深度（如测点1测得钻孔倾角83°，方位角95°的控制深度在25～75m），并填在 ZK₉ 测斜结果表中。

（六）用投影制图法编图（方法参见教材）。

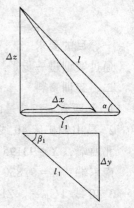

附图 8-1　钻孔弯曲校正示意图

（七）用坐标增量计算法编图。具体方法如下：

1．根据钻孔测斜结果登记表，列成钻孔校正点坐标增量计算表（附表 8-4），并计算各校正点的坐标增量（ΔX、ΔY、ΔZ）。

2．利用 $\Sigma\Delta z$、$\Sigma\Delta x$ 作校正的剖面图，$\Sigma\Delta x$、$\Sigma\Delta y$ 作校正的平面图（见钻孔弯曲校正示意图，附图 8-1）。

3．钻孔各地层位置也同样经坐标计算，然后展绘到图上，完成钻孔地质剖面图。

（八）对比以上两种作图方法的精度和优缺点。

钻孔校正点坐标增量计算表　　　　　　　　　附表 8-4

测斜资料			剖面线与钻孔偏斜方位夹角（β_1）	控制深度(m)		控制长度（l）	校 正 点 计 算 值							备注
深度(m)	方位角(β)	倾角(α)		自	至		l_1 ($l\cdot\cos\alpha$)	Δz ($l\cdot\sin\alpha$)	$\Sigma\Delta z$	Δx ($l_1\cdot\cos\beta_1$)	$\Sigma\Delta x$	Δy ($l_1\cdot\sin\beta_1$)	$\Sigma\Delta y$	
1	2	3	4	5	6	7	8	9	10	11	12	13	14	15

实训九　勘探线剖面图的编制

一、目的要求

通过实训进一步了解勘探线剖面图的基本内容，学会基本的编图方法。

二、实训资料

1．江西省瑞江县昌山铜矿床 1∶5000 地形地质图（附图 9-1）。

2．昌山铜矿床 40 线剖面图端点坐标。

北西端：$X=93195$　　　$Y=692725$　　　$Z=170$

南东端：$X=92830$　　　$Y=693725$　　　$Z=70$

3．40 线 TC_{40-1}、ZK_{401}、ZK_{402}、ZK_{403}、ZK_{404} 各探矿工程地质记录表、采样登记表、钻孔深度检查及弯曲度测量结果登记表（附表 9-1、9-2、9-3、9-4、9-5、9-6、9-7、9-8、9-9、9-10）。

附表 9-1

TC$_{40-1}$ 地质记录表

勘探线号：40　　　　　　　　　　$x = 93177$　　　　　　　　　探槽方位：165°
　　　　　　　　　　　　坐标：$y = 69275$
工程编号：TC$_{40-1}$　　　　　　　$z = 165$　　　　　　　　　　探槽长：75m

层位	分层顺序号	距工程起点的距离(m) 自	距工程起点的距离(m) 至	地 质 描 述	产 状	样品及标本号	备 注
1	2	3	4	5	6	7	8
第四系（Q）	1	0	3	残积、坡积层：杂色，黏土、亚黏土、砂岩、燧石、花岗闪长斑岩等碎屑，大小不等，棱角、次棱角状			
石炭系上统（C$_3$）	2	3	25	矿体：由含铜高岭土组成，矿石呈灰—灰白色，土块状。金属矿物为黄铁矿、黄铜矿、辉铜矿、斑铜矿、自然铜；脉石矿物为高岭土。氧化矿	$\frac{161°}{60°}$	4001~4022	(CuK)
泥盆系上统五道组（D$_3$w）	3	25	81.5	含砾石英砂岩：灰白色块状，中粗粒含砾结构，主要成分为石英。砾石成分为石英、燧石、赤褐铁矿、粒径7~20mm，呈次棱角状、次圆状，无定向排列	$\frac{155°}{60°}$	4023	

编录人　　年　月　日　　　　　　　　　　　　　　　　　　　　　　检查人　　年　月　日

TC$_{40-1}$ 采样登记表

附表 9-2

矿区 瑞江县昌山铜矿　　　　　工程编号 TC$_{40-1}$　　　　　分析报告批号 890308

顺序号	样品编号	采样位置水平长(m) 自	采样位置水平长(m) 至	斜长(m)	矿体倾向 倾角	样槽方向 坡度	样槽方向与矿体倾向的关系	采样方法	样槽规格(cm)	原始重量(kg)	袋数	岩矿石名称及目测类型、品位	化验编号	分析结果(%) Cu	分析结果(%) Mo	备注
1	2	3	4	5	6	7	8	9	10	11	12	13	14	15	16	17
1	4001	3	4	1										0.80		
2	2	4	5	1										0.95		
3	3	5	6	1										1.20		
4	4	6	7	1										1.40		
5	5	7	8	1										1.60		
6	6	8	9	1										0.90		
7	7	9	10	1	$\frac{161°}{60°}$	$\frac{345°}{+20°}$	斜交夹角4°	刻槽法	10×5	略		含铜高岭土氧化矿(CuK)	略	0.70		
8	8	10	11	1										0.40		
9	9	11	12	1										0.57		
10	4010	12	13	1										0.42		
11	1	13	14	1										0.88		
12	2	14	15	1										0.66		
13	3	15	16	1										0.69		
14	4	16	17	1										0.71		
15	5	17	18	1										0.65		
16	6	18	19	1										0.85		

续表

顺序号	样品编号	采样位置水平长(m) 自	至	斜长(m)	矿体倾向倾角	样槽方向坡度	样槽方向与矿体倾向的关系	采样方法	样槽规格(cm)	原始重量(kg)	袋数	岩矿石名称及目测类型、品位	化验编号	分析结果(%) Cu	Mo	备注
1	2	3	4	5	6	7	8	9	10	11	12	13	14	15	16	17
17	7	19	20	1								含铜高岭土氧化矿(CuK)		0.76		
18	8	20	21	1										0.80		
19	9	21	22	1										0.75		
20	4020	22	23	1	161°/60°	345°+20°	斜交夹角4°	刻槽法	10×5	略			略	0.55		
21	1	23	24	1										0.61		
22	2	24	25	1										0.78		
23	4023	25	26	1										0.20		

采样人　年　月　日　　　登记人　年　月　日　　　检查人　年　月　日

ZK_{401} 地质记录表　　　　　　　附表9-3

勘探线号：40　　　　　　　$x=930925$　　　　　　　开孔倾角：90°

孔号：ZK_{401}　　　　坐标：$y=69300$　　　　　　　

　　　　　　　　　　　　$z=120$　　　　　　　　　开孔方位：0°

回次	进尺(m) 自	至	计	岩矿芯 长度(m)	残留(m)	采取率(%)	分层 分层孔深(m)	假厚度(m)	岩芯长(m)	采取率(%)	标志面与岩芯轴夹角	地质描述	样品与标本编号	备注
1	2	3	4	5	6	7	8	9	10	11	12	13	14	15
1~38	0~35	1.5~36	1.5~1	略			36	36				残积、坡积层：杂色，黏土、亚黏土、砂岩、燧石、花岗闪长斑岩等碎屑，大小不等，棱角、次棱角状		
39~68	36~62.5	36.5~64	0.5~1.5	略			64	28	23.8	85		矿体：由含铜高岭土组成，矿石呈灰—灰白色，土块状。金属矿物为黄铁矿、黄铜矿、辉铜矿、斑铜矿、自然铜，脉石矿物为高岭土。为氧化矿石	4024~4038	CuK

续表

回次	进尺 (m)			岩矿芯			分层				标志面与岩芯轴夹角	地质描述	样品与标本编号	备注
	自	至	计	长度(m)	残留(m)	采取率(%)	分层孔深(m)	假厚度(m)	岩芯长(m)	采取率(%)				
1	2	3	4	5	6	7	8	9	10	11	12	13	14	15
69~76	64~69	64.8~70	0.8~1				70	6	4.8	80	30°	含砾石英砂岩：灰白色块状，中粗粒含砾结构，主要成分为石英。砾石成分为石英、燧石、赤褐铁矿、粒径10~20mm，呈次棱角状及次圆状，无定向排列	4039	$D_3 w$

ZK₄₀₁ 采样登记表

附表 9-4

矿区 瑞江县昌山铜矿　　钻孔编号 ZK₄₀₁　　分析报告批号 890501

顺序号	样品编号	采样位置 (m)			岩矿芯		样品代表采取率(%)	矿芯编号		矿芯直径(mm)	样品重量(kg)	袋数	岩矿石名称及目测类型、品位	分析编号	分析结果 (%)		备
		自	至	样长	回次	长度(m)	采取率(%)	代表长(m)		自	至					Cu	Mo	
1	2	3	4	5	6	7	8	9	10	11	12	13	14	15	16	17	18	19	20
1	4024	34	36	2													0.10		
2	5	36	38	2													0.69		
3	6	38	40	2													1.08		
4	7	40	42	2													0.86		
5	8	42	44	2													1.38		
6	9	44	46	2													1.06		
7	4030	46	48	2													0.73		
8	1	48	50	2	略	1.7	85	2	85	略					含铜高岭土氧化矿(CuK)	略	0.82		
9	2	50	52	2													0.61		
10	3	52	54	2													0.72		
11	4	54	56	2													1.02		
12	5	56	58	2													1.04		
13	6	58	60	2													1.18		
14	7	60	62	2													1.50		
15	8	62	64	2													0.72		
16	4039	64	66	2													0.20		

采样人　　年　月　日　　　　登记人　　年　月　日　　　　检查人　　年　月　日

ZK$_{402}$地质记录表   附表 9-5

勘探线号：40　　　　　　　　　　　$x = 93051$　　　　　　　　　　开孔倾角：90°

　　　　　　　　　　　　　　坐标：$y = 69315$

孔号：ZK$_{402}$　　　　　　　　　　$z = 108$　　　　　　　　　　　开孔方位：0°

回次	进尺(m) 自	进尺(m) 至	进尺(m) 计	岩矿芯 长度(m)	岩矿芯 残留(m)	岩矿芯 采取率(%)	分层孔深(m)	分 层 假厚度(m)	分 层 岩芯长(m)	分 层 采取率(%)	标志面与岩芯轴夹角	地 质 描 述	样品与标本编号	备注
1	2	3	4	5	6	7	8	9	10	11	12	13	14	15
1~60	0~56	1~56.5	1~0.5	略			56.5	56.5				残积、坡积层：杂色，黏土，亚黏土、砂岩、燧石、花岗闪长斑岩等碎屑，大小不等，棱角、次棱角状		Q
61~72	56.5~67	57.3~68	0.8~1	略			68	11.5	8.97	78	34°	炭质灰岩：灰黑色，中厚层状，层间夹薄层炭质沥青页岩		P$_1$q^1
73~104	68~99	68.9~100	0.9~1	略			100	32	24	75	33°	大理岩：白色厚层，中粗粒块状	4040	
105~114	100~109	101~110	1~1	略			110	10	8.6	86		矿体：由含铜高岭土组成，矿石呈灰—灰白色土块状。金属矿物为黄铁矿、黄铜矿、辉铜矿、斑铜矿、自然铜；脉石矿物为高岭土。氧化矿	4041~4045	CuK
115~134	110~129	111~130	1~1	略			130	20	17.2	86		矿体：由含铜黄铁矿组成，矿石呈深灰色，细脉浸染状、块状。金属矿物为黄铁矿、白铁矿、黄铜矿、辉铜矿及少量闪锌矿、方铅矿；脉石矿物为深灰色石英。此外见少许残留大理岩、白云岩。原生矿	4046~4055	CuPy
135~145	130~136.5	130.5~138	0.5~1.5	略			138	8	7.2	90	30°	含砾石英砂岩：灰白色块状，中粗粒含砾结构，主要成分为石英。砾石成分为石英、燧石，粒径10~25mm，次圆状，无定向排列	4056	D$_3$w

ZK_{402}采样登记表

附表 9-6

矿区 瑞江县昌山铜矿　　钻孔编号 ZK_{402}　　分析报告批号 890501

| 顺序号 | 样品编号 | 采样位置 (m) | | | 回次 | 岩矿芯 | | | 样品采取率 (%) | 矿芯编号 | | 矿芯直径 (mm) | 样品重量 (kg) | 袋数 | 岩矿石名称及目测类型、品位 | 分析编号 | 分析结果 (%) | | 备注 |
		自	至	样长		长度 (m)	采取率 (%)	代表长 (m)		自	至						Cu	Mo	
1	2	3	4	5	6	7	8	9	10	11	12	13	14	15	16	17	18	19	20
1	4040	98	100	2											含铜高岭土氧化矿 (CuK)	略	0.18		
2	1	100	102	2													0.80		
3	2	102	104	2													1.03		
4	3	104	106	2													0.90		
5	4	106	108	2													0.93		
6	5	108	110	2													1.18		
7	6	110	112	2													0.60		
8	7	112	114	2													1.20		
9	8	114	116	2	略	1.72	86	2	86		略						1.34		
10	9	116	118	2													1.45		
11	4050	118	120	2											含铜黄铁矿原生矿 (CuPy)	略	1.72		
12	1	120	122	2													1.04		
13	2	122	124	2													0.82		
14	3	124	126	2													1.34		
15	4	126	128	2													0.86		
16	5	128	130	2													1.12		
17	4056	130	132	2													0.25		

采样人　　年 月 日　　　　登记人　　年 月 日　　　　检查人　　年 月 日

ZK_{403}地质记录表

附表 9-7

勘探线号：40　　　　　　　　　$x = 93010$　　　　　　　　开孔倾角：90°

孔号：ZK_{403}　　　　坐标：$y = 69325$

　　　　　　　　　　　　　　　　$z = 98$　　　　　　　　　开孔方位：0°

| 回次 | 进尺 (m) | | | 岩矿芯 | | | 分层 | | | 标志面与岩芯轴夹角 | 地质描述 | 样品与标本编号 | 备注 |
	自	至	计	长度 (m)	残留 (m)	采取率 (%)	分层孔深 (m)	假厚度 (m)	岩芯长 (m)	采取率 (%)				
1	2	3	4	5	6	7	8	9	10	11	12	13	14	15
1~46	0~43	1.5~44	1.5~1	略			44		44			残积、坡积层：杂色、黏土、亚黏土、砂岩、燧石、花岗闪长斑岩等碎屑，大小不等，棱角、次棱角状		Q

续表

回次	进尺(m)			岩矿芯			分层				标志面与岩芯轴夹角	地质描述	样品与标本编号	备注
	自	至	计	长度(m)	残留(m)	采取率(%)	分层孔深(m)	假厚度(m)	岩芯长(m)	采取率(%)				
1	2	3	4	5	6	7	8	9	10	11	12	13	14	15
47~59	44~54	45.5~55	1.5~1	略			55	11	8.58	78		花岗闪长斑岩：灰色，斑状结构，成分为石英23%、斜长石45%、钾长石20%、黑云母7%、角闪石5%。斑晶以石英、钾长石、斜长石为主，次为黑云母、角闪石，粒径7~15mm，基质由石英、钾长石、斜长石组成，粒径1mm以下。岩石具矽卡岩化、高岭土化、绿泥石化、硅化蚀变及黄铁矿、黄铜矿、辉钼矿矿化现象		$\gamma\delta\pi$
60~135	55~125.5	56~126	1~0.5	略			126	71	53.25	75	32°	炭质灰岩：灰黑色，中厚层状，层间夹薄层炭质沥青页岩		P_1q^1
136~190	126~179	127~180	1~1	略			180	54	43.74	81		大理岩：白色厚层，中粗粒块状	4057	C_2h
191~210	180~197	180.8~198	0.8~1	略			198	18	15.48	86		矿体：由含铜黄铁矿组成，矿石呈深灰色，细脉浸染状、块状。金属矿物为黄铁矿、黄铜矿、辉铜矿；脉石矿物为深灰色石英，原生矿	4058~4066	CuPy
211~217	198~202	198.5~203	0.5~1	略			203	5	4	80	30°	含砾石英砂岩：灰白色块状中粗粒含砾结构，主要成分为石英。砾石成分为石英、燧石，粒径10~25mm，呈次棱角状，无定向排列	4067	D_3w

ZK$_{403}$采样登记表

附表 9-8

矿区 瑞江县昌山铜矿　　　　钻孔编号 ZK$_{403}$　　　　分析报告批号 890501

顺序号	样品编号	采样位置 (m)			回次	岩矿芯			样品采取率 (%)	矿芯编号		矿芯直径 (mm)	样品重量 (kg)	袋数	岩矿石名称及目测类型、品位	分析编号	分析结果 (%)		备注
		自	至	样长		长度 (m)	采取率 (%)	代表长 (m)		自	至						Cu	Mo	
1	2	3	4	5	6	7	8	9	10	11	12	13	14	15	16	17	18	19	20
1	4057	178	180	2													0.16		
2	8	180	182	2													0.85		
3	9	182	184	2													1.02		
4	4060	184	186	2													1.05		
5	1	186	188	2											含铜黄铁矿原生矿 (CuPy)		1.02		
6	2	188	190	2	略	1.72	86	2	86		略					略	0.67		
7	3	190	192	2													0.40		
8	4	192	194	2													0.74		
9	5	194	196	2													2.53		
10	6	196	198	2													1.37		
11	4067	198	200	2													0.20		

采样人　　年　月　日　　　　登记人　　年　月　日　　　　检查人　　年　月　日

ZK$_{404}$地质记录表

附表 9-9

勘探线号：40　　　　　　　　　　$x = 92915$　　　　　　　　开孔倾角：88°

　　　　　　　　　　　　　　坐标：$y = 69350$

孔号：ZK$_{404}$　　　　　　　　　　$z = 82$　　　　　　　　　开孔方位：345°

回次	进尺 (m)			岩矿芯			分层				标志面与岩芯轴夹角	地质描述	样品与标本编号	备注
	自	至	计	长度 (m)	残留 (m)	采取率 (%)	分层孔深 (m)	假厚度 (m)	岩芯长 (m)	采取率 (%)				
1	2	3	4	5	6	7	8	9	10	11	12	13	14	15
1～15	0～12	0.5～13	0.5～1				13	13				残积、坡积层：杂色、黏土、亚黏土、砂岩、燧石、花岗闪长斑岩等碎屑，大小不等，棱角状		Q
16～195	13～169.1	14.5～170	1.5～0.9				170	157	141.3	90		花岗闪长斑岩：灰色，斑状结构，成分为石英23%、斜长石45%、钾长石20%、黑云母7%、角闪石5%。斑晶以石英、钾长石、斜长石为主，次为黑云母、角闪石，粒径9～18mm，基质由石英、钾长石、斜长石组成，粒径1mm以下。岩石具矽卡岩化、高岭土化、绿泥石化、硅化蚀变及黄铁矿、黄铜矿、辉钼矿矿化现象		γδπ

153

续表

回次	进尺 (m)			岩矿芯			分 层				标志面与岩芯轴夹角	地 质 描 述	样品与标本编号	备注
	自	至	计	长度 (m)	残留 (m)	采取率 (%)	分层孔深 (m)	假厚度 (m)	岩芯长 (m)	采取率 (%)				
1	2	3	4	5	6	7	8	9	10	11	12	13	14	15
196~255	170~226	171~227	1~1				227	57	48.45	85	41°	炭质灰岩：灰黑色，中厚层状，层间夹薄层炭质沥青页岩		P_1q^1
256~300	227~267.5	228~268	1~1				268	41	34.85	85		大理岩：白色厚层、中粗粒块状		C_2h
301~310	268~274	268.8~275	0.8~1				275	7	6.3	90	52°	含砾石英砂岩：灰白色、块状，中粗粒含砾结构，主要成分为石英。砾石成分为石英、燧石，粒径 10~25mm，呈次圆状，无定向排列		D_3w

钻孔孔深检查、弯曲度测量结果登记表　　　　附表 9-10

孔 号	孔深检查				弯曲度测量						备注
	检查次序	钻孔记录孔深 (m)	丈量孔深 (m)	误差 (m)	测量次序	测量孔深 (m)	方位角	天顶角	倾角	测量方法	
1	2	3	4	5	6	7	8	9	10	11	12
ZK$_{401}$	1	50	50.00	0	1	0	0°	0°	90°		
					2	50	0°	0°	90°		
ZK$_{402}$	1	50	50.02	+0.02	1	0	0°	0°	90°		
	2	100	100.00	0	2	50	0°	0°	90°		
	3	138	138.00	0	3	100	0°	0°	90°		
ZK$_{403}$	1	50	50.00	0	1	0	0°	0°	90°	非磁性测斜仪	
	2	100	99.99	−0.01	2	50	0°	0°	90°		
	3	150	150.01	+0.01	3	100	0°	0°	90°		
	4	200	200.00	0	4	150	0°	0°	90°		
					5	200	1°	1°	89°		
ZK$_{404}$	1	50	50.00	0	1	0	345°	2°	88°		
	2	100	100.00	0	2	50	350°	4°	86°		
	3	150	150.01	+0.01	3	100	355°	6°	84°		
	4	200	200.02	+0.02	4	150	360°	8°	82°		
	5	250	250.01	+0.01	5	200	5°	11°	79°		
					6	250	10°	14°	76°		

登记人　　　　年 月 日　　　　检查人　　　　年 月 日

根据以上资料编制 1:1000 昌山铜矿床 40 勘探线剖面图。

三、实训步骤

1. 在附图 9-1 上，根据剖面图端点坐标展绘在该图上。连接两端点即为 40 勘探线位置。
2. 将勘探线上的探矿工程，按坐标展绘在附图 9-1 上（见后插页）。
3. 根据比例尺的要求，设置作图面，绘制勘探线剖面图坐标网，并标注坐标值。
4. 根据作图面的坐标线和探矿工程记录表的有关资料，首先对 ZK_{404} 作弯曲校正，然后展绘各工程于作图面上，勾绘剖面地形线。
5. 依据各探矿工程原始编录资料，展绘各种地质界线，并标注产状。用黑白相间符号标注采样位置及编号。
6. 在综合分析、研究的基础上，依其空间位置、产状和地质规律连接地质界线，矿体用折线连接，并圈出不同矿石类型范围。
7. 在剖面图下方用垂直投影法绘出勘探线与勘探工程平面图。
8. 整饰成图（图名、比例尺、方位、图例、图框、责任表、上墨等）。

实训十 垂直断面法计算矿体储量

一、目的要求

通过实训了解储量计算的一般过程和基本参数及矿石类型边界线的确定方法，学会特高品位的处理及编制矿体垂直纵投影图。有条件的可用电子计算机计算储量。

二、实训资料

（一）江西省瑞江县昌山铜矿床地质与勘探工作简介

1. 矿区位于扬子准地台东南缘，瑞昌—九江凹褶断束北东端，瑞昌—彭泽复式向斜南翼的西部，由志留系—三迭纪地层组成的横立山—黄桥向斜构造东端之北翼。

区内岩浆岩侵入体属燕山期，主要为花岗闪长斑岩，位于矿区中南部平缓地区，侵入于二迭—三迭纪地层中，岩体形态平面近似等轴形。出露面积 $0.5km^2$，为上大下小的筒状小岩株。

矿区分南北两个矿带：

（1）北矿带矿体主要赋存于石炭系黄龙组（C2h）底部地层中，受层位及层间破碎带所控制，似层状、板状产出，矿体产状 165°<60°，矿体沿走向长 2200m，延深 300～340m，矿体厚度平均 9.63m，矿石品位 Cu 一般在 0.68%～1.86%。

矿体顶部由于氧化作用影响已形成氧化矿石，下部仍为原生含铜硫化物矿石，主要矿石类型有：含铜高岭土矿石、含铜黄铁矿矿石等。

（2）南矿带矿体产于二迭—三迭纪地层与花岗闪长斑岩接触带，矿体呈半环状、透镜状产出。产状、形态变化较大，倾角 60°～70°，矿体走向延长 1125m，延深 414m，平均厚度 14m，矿石品位 Cu 一般在 1.01% 左右，矿石类型主要为含铜矽卡岩，其次矿层顶底板有少量含铜大理岩、含铜花岗闪长斑岩等。

矿床成因类型属典型矽卡岩型矿床。

2. 勘探方法（北矿带）

（1）勘探手段的选择和布置

1）勘探手段的选择和布置　根据矿区浮土掩盖面积大而深、矿体产状稳定的特点，采用以钻探为主，浅部以槽、井和填图钻等相配合的手段。

2）探矿工程的总体布置　采用走向为165°～345°平行勘探线。

3）勘探网度　钻探工程以200m×120m网度布置。

（2）采样及化验　主要采用岩芯劈取法和刻槽法进行取样。

1）岩芯样品长度为2m。

2）刻槽样品断面采用10cm×5cm，样长一般为1m。

（3）储量计算

1）工业指标　边界品位Cu0.3%，最低工业品位Cu0.5%；最低可采厚度1m，最大允许夹石厚度2m。

2）矿石体重为3.51t/m³。

3）储量级别的划分原则

C级储量：凡工程网度200m×120m所控制的矿体。

D级储量：凡工程网度大于C级储量工程网度或C级储量外推的矿体。

4）储量计算方法　根据区内矿床地质特征及所采用的勘探方法和手段，采用垂直平行断面法。

（二）江西省瑞江县昌山铜矿床地形地质图（附图9-1）。

（三）0、20、60、80线储量计算剖面图（附图10-1、10-2、10-3、10-4，见后插页）。40线储量计算剖面图利用实习九成果。

（四）储量计算用表（附表10-1、10-2、10-3、10-4、10-5、10-6）。

块段断面积测定表　　　　　　　　　附表10-1

勘探线号	矿石类型	面积号(S)	面积(m²)	备注
1	2	3	4	5

单项工程平均品位表　　　　　　附表 10-2

勘探线号	工程编号	矿石类型	样品编号	见矿样长(m)	平均品位(%)	备 注
1	2	3	4	5	6	7

块段断面平均品位计算表

附表 10-3

勘探线号	面积号(S)	矿石类型	储量级别	工程号	见矿样长(m)	平均品位(Cu%)	样长与品位乘积	样长与品位乘积之和	样长总和(m)	断面平均品位(Cu%)	备注
1	2	3	4	5	6	7	8	9	10	11	12

块段平均品位计算表

附表 10-4

块段号	矿石类型	储量级别	勘探线号	面积号（S）	面积（m²）	断面平均品位（%）	平均品位乘面积	平均品位乘面积总和	面积总和（m²）	块段平均品位（%）	备注
1	2	3	4	5	6	7	8	9	10	11	12

159

块段体积及储量计算表　　　附表 10-5

块段号	矿石类型	储量级别	勘探线号	面积号(S)	断面积(m²)	块段长度(m)	体积计算公式	体积(m³)	体重 t/m³	矿石储量(t)	块段平均品位(%)	金属储量(t)	备注
1	2	3	4	5	6	7	8	9	10	11	12	13	14

矿体储量计算统计表　　　　　附表 10-6

块段起止号	矿石类型	储量级别	矿石储量(t)	金属储量(t)	平均品位（%）		备注
					块段	矿体	
1	2	3	4	5	6	7	8
合计	CuK+CuPy	C+D					

三、实训步骤

（一）传统计算方法

1. 根据矿区地质资料及化学分析结果，按矿产工业指标在储量计算剖面图上圈定氧化矿体和原生矿体的范围及各级储量的界线，并自上而下、从左到右对面积和块段进行编号，如 $S_3 \dfrac{\text{I}-\text{C}}{\text{II}-\text{C}}\cdots$，表示本剖面第三号面积，为 I、II 块段公共的一个断面，C 级储量。

2. 用求积仪、几何图形法或透明方格纸法测定各剖面上不同矿石类型和储量级别的面积。并将有关内容填入附表 10-1。

3. 计算单项工程、断面及块段的平均品位。

(1) 特高品位的确定与处理

1) 本实习确定铜的正常品位上限为 9.1%；

2) 用特高品位两相邻样品的算术平均值代替特高品位。

(2) 单项工程平均品位采用算术平均法计算，并将有关内容填入附表 10-2。

(3) 断面、块段平均品位采用加权平均法计算，并将有关内容填入附表 10-3、10-4。

4. 用平行断面法计算 0 至 80 线各级别不同矿石类型的矿石储量和金属储量，并将有关内容填入附表 10-5。

(1) 先计算相邻两断面间的相对面积差，以便选择体积公式；

(2) 计算不同矿石类型的体积；

(3) 计算不同矿石类型的矿石储量；

(4) 计算不同矿石类型的金属储量。

5. 统计不同矿石类型、不同储量级别的矿石储量和金属储量，并计算全矿平均品位（用算术平均法），填入附表 10-6。

(二) 计算机计算储量方法。由各校自备储量计算有关程序进行。

主要参考文献

1. 朱家珍主编．找矿勘探地质学．北京：地质出版社，1986
2. 侯德义主编．找矿勘探地质学．北京：地质出版社，1984
3. 侯德义主编．矿产勘察学．北京：地质出版社，1997
4. 赵鹏大主编．地质勘探中的统计方法．武汉：中国地质大学出版社，1990
5. 全国储委会．矿床地质勘探规范汇编．北京：地质矿产标准化技术咨询服务中心出版，1997
6. 国家质量技术监督局．固体矿产资源/储量分类．北京：国家质量技术监督局，1999
7. 胡国璋主编．找矿勘探实习指导书．北京：地质出版社，1990
8. 长春地质学院找矿教研室．找矿方法．北京：地质出版社，1979
9. 陶正章主编．地球化学找矿．北京：地质出版社，1981
10. 彭梧山主编．地球化学探矿．北京：地质出版社，1986
11. 丁绪荣主编．普通物探教程（电法及放射性）．北京：地质出版社，1984
12. 丁绪荣主编．普通物探教程（重力及磁力）．北京：地质出版社，1984
13. 地质部．固体矿产普查勘探地质报告编写规定．北京：地质出版社，1980
14. 区域地质调查方法专题组编．区域地质调查方法．北京：地质出版社，1981
15. 刘石年主编．成矿预测学．长沙：中南工业大学出版社，1993
16. 崔传进主编．找矿勘探地质学．长春：吉林科学技术出版社，1991
17. 马婉仙主编．重砂测量与分析．北京：地质出版社，1990
18. 王世称主编．综合信息解释原理与矿产预测图编制方法．长春：吉林大学出版社，1989
19. 周维屏等编著．1:50000 区域地质填图新方法．武汉：中国地质大学出版社，1993
20. 地质矿产部直属单位管理局．沉积岩区 1:50000 区域地质填图方法指南．武汉：中国地质大学出版社，1991
21. 地质矿产部直属单位管理局．花岗岩类区 1:50000 区域地质填图方法指南．武汉：中国地质大学出版社，1991
22. 地质矿产部直属单位管理局．变质岩区 1:50000 区域地质填图方法指南．武汉：中国地质大学出版社，1991